探索奥秘世界百科丛书

探索人类发展奥秘

谢宇　主编

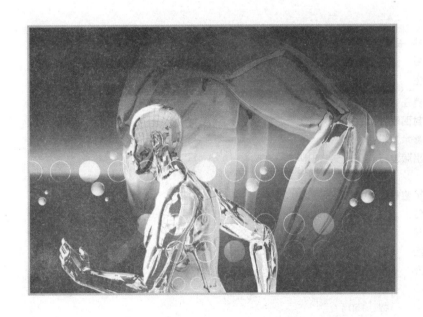

花山文艺出版社

河北·石家庄

图书在版编目（CIP）数据

探索人类发展奥秘 / 谢宇主编. — 石家庄：花山
文艺出版社，2012（2022.3重印）
　　（探索奥秘世界百科丛书）
　　ISBN 978-7-5511-0671-9

　　Ⅰ．①探… Ⅱ．①谢… Ⅲ．①人类进化－青年读物②
人类进化－少年读物 Ⅳ．①Q981.1-49

　　中国版本图书馆CIP数据核字（2012）第248543号

丛 书 名：探索奥秘世界百科丛书
书　　名：探索人类发展奥秘
主　　编：谢　宇

责任编辑：贺　进
封面设计：袁　野
美术编辑：胡彤亮
出版发行：花山文艺出版社（邮政编码：050061）
　　　　　（河北省石家庄市友谊北大街 330号）

销售热线：0311-88643221
传　　真：0311-88643234
印　　刷：北京一鑫印务有限责任公司
经　　销：新华书店
开　　本：700×1000　1/16
印　　张：10
字　　数：150千字
版　　次：2013年1月第1版
　　　　　2022年3月第2次印刷
书　　号：ISBN 978-7-5511-0671-9
定　　价：38.00元

前　言

　　我们生活的世界，是个十分有趣、错综复杂而又充满神秘的世界。然而，正是这样一个奇妙无比的世界，为我们提供了一个领略无穷奥秘的机会，更为我们提供了一个永无止境的探索空间……

　　在浩瀚的宇宙中，蕴藏着包罗万象的无穷奥秘；在我们生活的地球上，存在着众多扑朔迷离的奇异现象；在千变万化的自然界中，存在着种种奇异的超自然现象。所有的这些，都笼罩在一种神秘的气氛中，令人费解。直到今天，人们依旧不能完全揭开这些未知奥秘的神秘面纱。也正因如此，科学家们以及具有旺盛求知欲的爱好者对这些未知的奥秘有着浓厚的探索兴趣。每一个疑问都激发人们探索的力量，每一步探索都使人类的智慧得以提升。

　　为了更好地激发青少年朋友们的求知欲，最大程度地满足青少年朋友的好奇心，最大限度地拓宽青少年朋友的视野，我们特意编写了这套"探索奥秘世界百科"丛书，丛书分为《探索中华历史奥秘》《探索世界历史奥秘》《探索巨额宝藏奥秘》《探索考古发掘奥秘》《探索地理发现奥秘》《探索远逝文明奥秘》《探索外星文明奥秘》《探索人类发展奥秘》《探索无穷宇宙奥秘》《探索神奇自然奥秘》十册，丛书将自然之谜、神秘宝藏、宇宙奥秘、考古谜团等方面最经典的奥秘以及未解谜团一一呈现在青少年朋友们的面前。并从科学的角度出发，将所有扑朔迷离的神秘现象娓娓道来，与青少年朋友们一起畅游瑰丽多姿的奥秘世界，一起探索令人费解的科学疑云。

　　丛书对世界上一些尚未破解的神秘现象产生的原理进行了生动的剖析，揭示出谜团背后隐藏的玄机；讲述了人类探索这些奥秘的进程，尚存的种种疑惑以及各种大胆的推测。有些内容现在已经有了科学的解释，有些内容尚待进一步研究。相信随着科学技术的不断发展，随着人类对地球、外星文明探索的进展，相关的未解之谜将会一个个被揭开，这也是丛书编写者以及广大读者们的共同心愿。

丛书集知识性、趣味性于一体，能够使青少年读者在领略大量未知神奇现象的同时，正确了解和认识我们生活的这个世界，能够启迪智慧、开阔视野、增长知识，激发科学探寻的热情和挑战自我的勇气！让广大青少年读者学习更加丰富全面的课外知识，掌握开启未知世界的智慧之门！

朋友们，现在，就让我们翻开书，一起去探索世界的无穷奥秘吧！

编者

2012年8月

目　录

生命起源之谜

◉　◉　◉　◉　◉　◉

　　四十多亿年前，地球上出现了第一批生命——微生物（又称"原始生命"）。时至今日，在广阔的自然界，生存着多种多样、千奇百怪的生物。世界上已知现存的动物就有一百一十多万种，还有五十多万种植物和微生物。这些生物的老祖宗是谁？它们是怎样产生的？这就是生命起源的问题。这一问题是迄今尚未解开的一个谜，国际科学界把它作为三大前沿科学之一。从古至今，许多学者、科学家对此作了种种推测，提出的假说也是众说纷纭。

　　历史上，对于生命起源的问题就曾有过"独创论说""自然发生论说""生命永恒论说"等学说，这些学说或以为生命，即由上帝创造，或以为生物乃自然而然产生，或以为生命源于生命如同人来自人，但这些观点都未证明早期生命来源何处。随着科技的进步，在出现了达尔文的进化论后，人们才逐渐找到了解开生命之谜的正确途径。

　　19世纪中叶，在几百万种有机物里面，人们发现，有两种物质是生命的基础：一种叫核酸，最早是在细胞核里被发现的；另一种是蛋白质，是从加热后能凝固的蛋白体物质那里得来的。蛋白质是构成生物体的主要物质之一，是生命活动的基础。核酸则是生命本身最重要的物质，没有它，活的机体就不能繁殖，当然也就不能出现生命。这就告诉我们：生命是物质的，是物质发展到一定阶段的产物。

　　20世纪20年代，苏联生物化

学家奥巴林和英国生物学家霍尔登提出了生命和化学演化论。他们认为，地球上的生命一定是在地球诞生和进化的过程中，从化学演化过程开始产生出来的。他们还指出，这个化学进化阶段的第一步，是原始大气和海洋里的无机物生成了低分子有机化合物。第二步，低分子有机化合物生成了高分子有机化合物。最后是第三步，生成了能够自我复制和繁殖的原始生命体。

化学进化论为我们描绘了一幅地球初期的图景。但生命形成的理论，却需要提供验证。1952年，美国化学家米勒做了一个非常著名的实验：在实验室里模拟原始地球的外部条件，把"原始大气"（水蒸气、甲烷、氨和氢的混合气体）放入玻璃制成的曲颈瓶中，并从曲颈瓶下部送入水蒸气，模拟海水蒸发的情景。米勒使用的原始大气成分是美国化学家、诺贝尔化学奖获得者尤里计算确定的，所以这个实验也叫尤里—米勒实验。实验结果成功地把原始大气中的简单分子合成为构成生命的复杂的有机物质，其中除含有甘氨酸和丙氨酸等重要

的氨基酸之外，还有诸如乳酸、醋酸、尿酸、蚁酸等大约20种有机物质。

第一步探索的成功，激发人们勇敢地向第二步迈进。1980年，美国迈阿密大学的霍克斯博士做了一个实验：把一种无生命的"类蛋白"粉末放在清水里略微加热溶解后，发现这些"类蛋白"变成了微小球，并且竟然活起来了！它们会移动，能连接在一起，更令人惊奇的是，它们竟会"吃掉"尚未变成微小球的"类蛋白"粉末作养料，而长出新的微小球来，类似原始生命的现象出现了！霍克斯博士指出，可以把这些微小球看成是原始

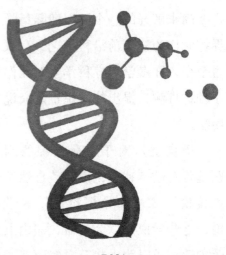

DNA

细胞，它们跟细菌的大小相似，在显微镜下像一个中空的球状体，球壁具有多层膜结构，中心有些类蛋白分子，可以分解或合成其他分子，其作用就像活细胞里的酶一样。微小球可表现出十多种酶反应的现象。微小球往往连在一起，能"出芽"和"分裂繁殖"。这个奇妙的实验，真实地再现了四十多亿年前地球上原始生命出现的情景。可是，也有人对霍克斯博士的说法表示怀疑，他们认为，活细胞里都有最基本的自我复制结构DNA，而微小球里并没有DNA，它能算是有生命吗？为此，美国加利福尼亚州圣克拉拉大学的怀特，提出了不需要DNA的微小球"自我复制模型"，较好地回答了怀疑者的问题。怀特认为，原始的生命前体进行自我复制并不需要DNA，而只要这个生命前体微小球有两个核苷酸（N1、N2）和两种由氨基酸构成的短肽（P1、P2）就行了。

据日本《化学月刊》报道，1984年8月，在日本大阪市召开的第5届国际太阳能——化学变化和储存会议上，日本大阪大学产业科学研究所的河谷七雄教授、川合知二助教领导的实验小组，公开地提出了生命的起源不是氨基酸，而是氨基酸连接起来的肽，其中的关键是氧化肽。在原始地球的岩石中存在含量丰富的氧化肽。氨基酸在氧化肽的作用和阳光的照射下，完全有可能经过化学演化最后合成肽。在实验室的加压条件下，氨基酸虽然可以化学演化成肽，但使用氧化肽的方法更符合地球的原始状态。这个实验小组还利用硫化镉、钼酸等相似方法，同样也产生了由氨基

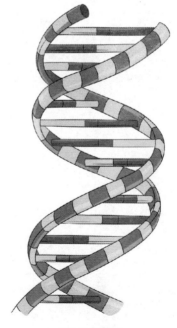

DNA双螺旋

酸连接而成的肽。至今，河谷七雄教授等人仍在研究用这种方法使其他氨基酸合成肽的可能性。筑波大学研究生命起源的专家，对此予以高度评价，用氧化肽可以使氨基酸合成肽，这是研究生命起源的新探索，它对于研究核酸的形成，具有极为重要的意义。

在解开生命起源之谜的征途中，科学家们还在广漠无垠的宇宙空间里，发现近50种有机分子，其中包括与我们生命密切相关的水分子、氨分子；与生成氨基酸、蛋白质有直接关系的甲醛分子、氢化氰分子、丙炔氰分子等。这就说明，最早的有机物并不是在地球形成以后才有的，早在星球形成以前，有机分子就存在于茫茫太空之中了。像我们地球这样产生生命的过程，也许在银河系和河外系的宇宙空间处处都在发生。生命决不会是我们地球所独有的。

人类起源之谜

◉ ◉ ◉ ◉ ◉ ◉

把不同动物的生理特征进行比较，可以看出它们之间亲缘关系的远近，这是比较生理学的研究方法。澳大利亚墨尔本大学的生物学家爱彼立克·丹通教授，研究了人类和其他哺乳动物控制体内盐平衡的生理机制后发现，在这一方面，人类与所有的陆生哺乳动物不同，而与水兽相似。

"现代人类与其说像猿类，倒不如说像豚类。"在法国巴黎郊区某医院工作的米歇尔·奥当医生说。

米歇尔主持了一项妇女水中生产实验，从中有了一些意外的发现。他发现现代人类同猿类的相似性少，而同豚类的相似性要多得多。为此专门写了一本名为《水与性》的书。书中对人类、类人猿与海豚做了如下生动的比较：

——类人猿不喜欢水，而刚出世的婴儿则能够在水中游泳。对于孕妇来说，她们在怀孕9个月中能够安全锻炼的唯一项目是游泳。

——类人猿不会流泪，而海豚和其他海洋哺乳动物则会流泪。人是唯一以流泪的方式表达某种感情的灵长目动物，而且，眼泪像海水一样是咸的。这是因为人类曾经历过海生时期。

——人奶酷似海豚乳汁，而不像类人猿的乳汁。

——人与类人猿的不同之处在于，人具有潜水反应能力，而且喜欢吃鱼。

——人和海豚皮肤下都有脂肪层，而类人猿没有。

——与海洋哺乳动物一样，人体绝大部分是光滑的，唯独在游泳时露出水面的头部才长头发。

——人有伸曲自如的脊椎，对水具有适应性。类人猿的脊椎则不能向后弯曲。

——雄性类人猿从后面与雌性类人猿进行交配，而海豚等大多数海洋哺乳动物，则是面对面进行交配的。

——海豚像人那样在分娩时有经验丰富的雌性"助产士"在身旁守候，准备接迎新生婴儿，而类人猿则不是这样。

——人和海豚一样，相互之间是通过声音交流复杂信息的，而类人猿不是。

前几年，香港《文汇报》刊登了一则消息：

两岁女娃卡罗尔·安·里查兹被海浪从她父母的船上卷入海中，在惊涛骇浪中度过了12小时后，竟安然无恙，摇摇摆摆地走上海滩。

卡罗尔被海浪冲上佛罗里达州的一个海滩，那里与她落水的地点相距6千米。她饥饿的哭喊声吵醒了一位在海滩上晒日光浴的女士，这位女士马上把卡罗尔送进了当地医院。

看了上述比较和这则奇闻，你会不会得出人类源于大海的结论呢？

或许有人会说，现代人类直接源于海豚，间接起源于海鱼，只不过是某些学者的猜测罢了，能否拿出确切的证据来呢？

1974年，英法联合考察队在埃塞俄比亚发现了一批非常重要的古人类化石。其中最重要、最典型的一具被命名为"露丝"。过去，考古学家们一直把她作为直立行走的南猿古人的代表。

但是，有的学者经过仔细考察，发现"露丝"与南猿有一些根本性的区别：南猿的手关节不是很灵活，也不能直伸，而她却灵活自如，且能伸直；南猿的下肢比上肢长，而且发达。她的下肢则比较短小，且比较纤弱；南猿的骨盆比较窄，她的骨盆则比较宽大。这一切说明，"露丝"与南猿根本不是同一种类，她是由海生动物进化而来的，或者说，是两栖古人走上陆地生活的群类中的一个。有的考古学家还指出，"露丝"的智力远远超过南猿，甚至曾将南猿列为狩猎的对象。

人类是天生的潜水家，屏息潜水的时间远远超过其他陆地生物。人类在潜水时，体内会产生一种潜水反应：肌肉收缩，全身动脉血流量减少，呼吸暂停，心跳也变得缓慢。这种反应和海豹、潜鸭等水生动物潜水的反应十分相似。潜水反应不是条件反射，而是由大脑高级中枢加以控制的。这种控制同时也有意识地控制着呼吸。对呼吸的精确控制、调节是人类发展语言的基础，没有这种在海猿阶段形成的控制呼吸能力，人类不可能发展出如今这种复杂的发声方法。

1985年第8期的《晚报文萃》转载了《科学晚报》的一篇文章，题目是《新发现的人种》。文中罗列了8种奇异人种，其中第4种叫"图皮人"。

作者介绍说，在厄瓜多尔境内亚马孙河森林地区的土人，男女老幼皆赤身裸体，除面部外，全身都用植物汁液画上红色的花，故称图皮人。他们两眼外突，像卷尾猴的眼睛一般，手脚似蛙脚，趾间有短蹼，还没有完全进化。食物以活鱼和野菜为主。

你看，这图皮人非常明显地带着从海生转向陆生的痕迹，不但外形，就连生活习惯也与海鱼、海兽相仿，是非常珍贵的人类进化的活化石。

有些人还在其他地方遇到过这类活化石。有两个渔民，分别叫克里·落茨伯格和莫塞尔·弗里森，一天，他们在百慕大海域的一个无名小岛上，看见一个怪模怪样的人在海滩上走。那人的皮肤像海豹，闪着黑光，没有衣服，双臂特长，似没有嘴巴，眼珠也不太清楚。走起路来像鸭子一样左右摇摆。洛茨伯格看见此人气势汹汹，便想挟着桨板扑过去，企图活捉这个陌生的怪人。但是，他俩竟动弹不得，只能站在原地动弹不得，那怪人立即转身，一摇一晃地迅速向海边挪动，不久就消失在海水里。其他渔民也在该岛上碰到过此类怪人。

这无名小岛上活动的怪人，看来与图皮人是同类，只不过前者还生活在海中，后者已经上陆。后者上陆之后，因为身体表面渐渐地褪去了海豹似的花纹，所以还特意模仿海豹，重新涂绘上花纹呢！

地球人来源之谜

◉ ◉ ◉ ◉ ◉ ◉ ◉

这些年来，一系列发现又重新唤起了人们对生命天外来源说的热情。首先是人们注意到，地球上的生命尽管种类庞杂，但它们却具有同样的模式，都具有相似的细胞结构，由同样的核酸组成遗传物质，由蛋白质构成活体。这就使人不能不产生疑问，如果生命果真是在地球上由无机物进化而来，为什么不会产生多种生命模式呢？其次，还有人注意到，稀有金属钼在地球生命的生理活动中，具有重要的作用。然而钼在地壳上的含量却很低，仅为0.0002%，这也使人不禁要问，为什么一个如此稀少的元素会对生命具有如此重要的意义？会不会是地球上的生命本源于富含钼的其他天体里？第三，人们还不断地从天外坠落的陨石中发现起源于星际空间的有机物，其中包括构成地球生命的全部基本要素。与此同时，人们也发现在宇宙的许多地方存在着有机分子云。这使许多人深信，生命绝不仅仅为地球所垄断。再者，一些人还注意到，地球上有些传染病，如流行性感冒，常周期性地在全球蔓延。而其蔓延周期竟与某些彗星的回归周期吻合。于是这就使他们有理由怀疑，会不会有些传染疫苗来自彗星？如果是的疾，那人就是天外来客了。

有些人类学家则认为，今天的地球人类源于外星。为什么这么说呢？先看一些考古上的惊人发现：

1845年，有个叫大卫·布鲁斯特的爵士向英国科学进步学会递交了一份报告。其中说，在英国北部的卡因古蒂石场，从一块花岗岩内发现了一枚钉子。经鉴定，这块花岗石至少有6000万年的历史。

1967年4月10日，美国科罗拉多州左尔曼的洛奇矿山内传出一则新闻，在地下120米深的银矿脉中发现了人的遗骸和一个锤炼得极好的10厘米长的铜箭头。据测定，此地层当属几百万年前的。

20世纪80年代末，奥地利也传出一则奇闻。有个煤矿工人在井下采矿时，挖出了一颗金属铆钉。这颗铆钉与现代铆钉相似，不过，它已在地下静静地躺了400万年。

1991年，继北极发现五六千年前的古城遗址之后，又传出南极发现古城废墟的消息。《扬子晚报》的一则报道说：

瑞典的一支探险队声称，这座城市的建筑物大部分被积雪覆盖，隐藏在冰川后面，有的摩天大厦直插云霄，形状像金字塔，也有的呈圆柱形。墙壁薄而坚固，没有加上绝缘体。测试结果显示，这座热带城市是约3万年前建造的。这些建筑物最大的特征是没有门，入口呈马蹄形，高约6米。科学家由此推测，这些特殊建筑物内的居民约有3.6~4.2米高。

1986年夏天，这里发生了一次地震，地震震裂了南极洲西部的一条大冰川。探险家们由此发现了隐藏在冰川后面的这座城市。他们运送推冰器到现场，继续推开冰雪发掘。

在冰天雪地的南极，居然屹立过这么辉煌的城市！这座城市的主人来自何方，又到哪里去了呢？这真是一个新神话！不过，考古学家们还发现了比这更奇妙的神话。

在中国山西蒲城县的尧山，过去曾有一块金代县令马扬立的灵应观仙蜕崖碑。碑中记载了"仙蜕"（古人化石）发现的经过：

皇统己巳秋（1149），因增修灵应夫人殿，患其下基乾隔为巨石所局，不能宏大其势，遂命工凿其东西丈余，南北倍之，其高二寻。自七月庚辰朔，众工始兴，约以二旬为期。即剖石至中元日，自南而北已及丈余，上下亦及倍寻。偶于坚石中有小空隙，萝蔓根株，非草非木，若蛛网然，萦缠笼络中得枯骸一躯，印于石内，头颅、臂胫、肢体成具，石具相附，几若同体，中间小节，若微有朽化者一二矣。俯仰审视，其石之脉理与崖壁之四旁，上下皆顽然黝黑，方凝结坚贞，略无凿刻之迹，亦无断折之痕，特异于寻常之石，可盘错打磨，遽能破碎者。群工与从役者杂陈称异。董事者乃置其骨于西麓之壤，欲遽葬之。异日扬闻之而往，物色所凿之崖壁，周察其巨石之理脉与纵横，余石犹嵯岈裂缺，散乱于地，尚可吻合，与所说不诬。乃令石工复即旧崖，稍升于层岩之上，比初穴高丈余，以避殿之口也，别凿新穴，为小柏枢，裁方石以龛之。题其崖曰"仙蜕"，庶俾后之人得以识其异事。然则，石中之骸，人耶？神耶？固不可得而知矣。

据专家考证，"仙蜕"崖在地质上属奥陶纪积崖，崖龄已有4亿年左右。

1972年6月，法国一个厂家发现加蓬—奥克洛铀矿石中U235的含量明显偏低，有的甚至低于90%。这是为什么？后来，科学家不但在矿石中找到了U235的"灰烬"（裂变后的产物），而且在矿区发现了一个古老而又非常完整的核反应堆。这个铀矿形成于20亿年前，而核反应堆在成矿后不久便启用了。虽然其输出功率只有10千瓦～100千瓦，但运转时间长达50万年。

20世纪80年代的一天，在南非的某金矿里，一群矿工像往常那样在专心致志地挖掘矿石。忽然有人在矿石中发现了金属球。伙伴们闻讯都来看，一起帮助挖，共挖出几百个。这些金属球模样相同，顶端和底部都是平的，中间有三条镌刻完整的槽线。其中有一只金属球，能自动地在它的轴线上旋转。据地质学家说，从发现地点看，这些金属球应当是20亿年前的遗物。它们是谁制造的？是如何进入到这么深的金矿脉中去的呢？其中一个球又怎么会自动旋转呢？

通过历史教科书上的介绍，我们知道，在3万年前，地球上的人类都还住在天然的山洞里，哪有超越现代城市的建造能力呢？在几百万年前，人类还刚刚迈进猿人的门槛，最多会打制一些粗糙的石器，哪有冶炼制作金、银、铜、铁和合金制品的技艺呢？在六七千万年前，按照生物学家的说法，那是恐龙的时代，连猿人都还未产生呢！哪里还会有人的足迹和金属制品呢？20亿年前，地球上别说有始祖鸟，就连植物也只有低等的蓝藻而已！那么，反应堆建造者和金属球制造者会是谁呢？

因此，有人认为，必定有外星人存在。而且，外星人自古至今一直在地球上活动。另外，根据各地数不清的天神造人、变人的神话传说，有人推测现代人类是外星人的后裔，这听起来似乎十分荒唐，然而，人类学家的各种研究活动有力地支持了这种"出格"的结论。

科学家们找到了外星人存在并在地球上活动的直接证据。1988年，瑞典有家报纸报道说：

1987年4月，温斯罗夫与另外6名科学家前往非洲考察风土人情时，意外地发现了一个外星人后代居住的部落。它在扎伊尔东部的原始森林内，几乎与世隔绝。开始，他们受到了冷遇和敌视，经过努力，外星人终于接待了他们。并领他们参观了当年乘坐的飞船——一艘银色的半月形的已锈迹斑斑的

飞船残骸。

据温斯罗夫说，这批外星人当年有25人，他们是为了躲避火星上流行的病毒于1812年移居地球的。在地球上生活时，先后有22个外星人相继死去，但经过繁衍已有后代50人。这些外星人及其后代皮肤黧黑，眼睛为白色，但没有眼珠。他们相互间说的是非洲土语，但与科学家们交流时却用流利的英语及瑞典语。

这些火星人及其后代，对圆的图形特别欣赏。他们居住的房屋、屋内的摆设、使用的工具、佩戴的饰品大都呈圆形。他们至今仍珍藏着太阳系和火星的详细图，并掌握着宇宙航行知识，不过，他们已没有任何能返回火星的工具。

当温斯罗夫等人结束对这个部落的采访时，火星人及其后代再三表示，希望地球人不要干预他们的生活，只要没有外人骚扰，他们将永远在地球上生活下去。

有些人类学家还发现了外星人对地球人进行的同化实验，证实了现代人类身上的外星祖先遗传特征。

1988年，法国人类学家诺贝

德博士在巴黎的一次记者招待会上宣布说，在8000年前，外星人同地球人的祖先进行了交配，至今约有一半人类是外星人后裔。这些人"眼睛的颜色、脚的大小以至睡眠和思考的方式，均受外星人祖先的影响。只要你知道这些特征，便很容易分辨出谁是外星人的后裔。"那么，特征有哪些呢？眼珠通常是绿色或淡褐色，面容通常，坐骨较宽，女性乳房较小，脚指头较常人长，手和手指修长，指甲较脆，头发为金色或红色，体型较为单薄，骨头较为嫩弱。在思想行为上，反应敏捷，理解力好，独立性强，多是梦想家。

这种奇谈的怪论，竟然也得到不少科学家的赞同。德国考古学家格拉夫作证说："人类的思考能力大约在8000年前突飞猛进，同时，人类的外貌也在约同一时期变得细小。这种突变，不是缓慢的进化过程能做得到的。"

下面让我们来看一则不可思议的塔斯社报道：

1991年7月25日，人类首名太空受孕的婴儿顺利诞生。奇怪的是，这个"太空婴儿"的怀孕期只有9个星期，较正常情况快几倍。婴儿的头颅特大，智慧奇高。据说该婴儿在一个月时已懂得仰卧起坐、转身及说简单句子，除肺部发育稍不完全外，一切非常健康。

更奇怪的是，孩子的母亲，女宇航员泰莉斯科娃根本不知道自己从何受孕，她与另外4名女宇航员环绕地球飞行两个月后，都发现自己怀上了身孕，但其中4人决定打胎或流产，只有泰莉斯科娃顺利生产。

一名专门负责此事的专家称，由于身孕的源头是个谜，看到婴儿的人类模样，大家总算松了一口气。

泰莉斯科娃所乘的宇航船于1991年4月8日升空，7月14日返回地球。在飞行期间，5名女宇航员都表示曾有阵阵暖意及快感，这或许与受孕有关。

在太空，在密封的宇航器里，人类男性是无法接触她们的，唯一可能接触他们的只有比人类先进得多的外星人。外星人与人类女性（或男性）性交生孩子，显然是一种改造同化人类的实验。

这使人联想起了欧洲的一群

"外星后裔"。他们来自各地，但具有相似的外貌：尖尖的下巴，阔大的嘴唇，翘起的鼻子，且都智商极高，精力充沛，活泼好动，喜欢捉弄人。近年来，他们加强横向联系，多次在英国湖区集合，公然向社会各界宣布，他们是来自银河系之外的外星人的后裔，作为外星人与地球人的媒介，任务之一是当外星人再度来临时，不要再发生不愉快的事件。

由上可知，说人类源于外星似乎不是空穴来风，也并非"几个神经不正常的人的虚构"。

人类直立行走之谜

人类是自然界中唯一能够直立的动物。在广大的自然王国中，没有一种动物能够像人类那样直起腰板，挺起胸膛，抬起头来；没有一种动物能够昂首阔步地行走。即使是人类的近亲黑猩猩、大猩猩、类人猿也只是偶尔地直立行走，而且还是佝偻着背，弯着腰，并且只是危险来临或争斗时才这样半直立行走。其他高级的哺乳动物，无论是食肉类还是食草类，都是四肢着地，头颅在前，低着脑袋，双眼向下。

人类开始直立行走是非常早的。1978年，人类学家玛丽在坦桑尼亚北部地区发现了几个珍贵的足迹。他们产生于400万年以前。当时，由于非洲大峡谷的桑迪曼火山突然喷发，又下了一阵小雨，几个

人类祖先在经过时留下了具有历史意义的足迹。从足迹来看，他们已经能够直立行走了。1924年，南非人类学家达特在南非发现的早期的人类祖先南方古猿，尽管其头颅还非常原始，但是脚和腿却比较进步，已经具有了直立的能力，他们的大腿骨，与现代人类相差并不大。1902年，荷兰人类学家杜布哇发现爪哇猿人的化石，推断爪哇猿人能够直立行走。但因为其直立的脚和原始的脑袋之间的巨大反差而遭到种种反对意见，气得杜布哇把猿人化石锁在箱子里，谁也不让看。1929年，北京猿人洞中发现了著名的北京猿人，他们的大腿骨已经很进步了，但头骨低平，人类学家不能理解头骨和腿骨的这种不协调，就认为这里生活着两种不同的

猿人，一种是进步的猿人，直立行走的脚是他们的代表特点；另一种是落后的猿人，低平的头骨是他们的代表特点。人类为什么会直立？这个人类学上的重要问题，有很多种假说。

一种是劳动说，或者称为使用工具说。这种理论认为，人类祖先为了弥补体质上的不足，必须使用工具，必须解放双手；而双手的解放必须手足分工，让手从行走功能中解放出来，直立有利于手的解放，以直立方式行走的类人猿在生存斗争中处于比较优越的地位，因此，这种行为方式被大自然选择了

人类从四肢前行到直立行走的发展是一个漫长的历史过程

下来。同时，使用工具又促进了直立行走姿势的确立。但是，对于这种理论，有些人类学家认为尚未得到化石证据的证明。在埃塞俄比亚阿尔法地区发现了最早的人类祖先化石"露茜"，却没有发现其使用的工具或狩猎的化石证据。因此，这个理论，人类学界认为还只是一个假设。

另一个理论是美国肯特州立大学人类学家欧文·洛夫乔伊提出的携带说。认为人类祖先经常过着迁移性的生活，男性成员经常出去狩猎，寻找食物。他们的配偶也要经常地带着子女、携带食物进行迁移。女性成员迁移时要抱着孩子，带着食物，携带的能力越强，带的子女越多，食物越多，生存的机会就越大，自然选择中就越成功，就能有更多的后代。而四足着地的行走方式不利于携带食物和子女。

英国人类学家皮特·惠勒则提出了生理因素说。认为人类祖先生活在热带地区的开阔林地，那里阳光终年直射，光线强烈，气温很高。气温过高会影响大脑的功能，而直立行走的方式有利于防止高温

对人体的损害，有利于保护大脑。第一，直立方式可以大大减少阳光照射在身上的面积，身体吸收的热量就大大减少。惠勒做了直立姿势和四足行走姿势接受阳光的比较研究。他发现，在中午，直立方式比四肢着地方式接受阳光的面积减少了60%，也就是说，直立方式少吸收60%的太阳光热量。第二，直立方式也有利于散发热量。在接近地面的地方，因为地面和地表植被对气流有阻滞作用，大气的流动比较缓慢。风大空气就流通，热量就容易散发。直立以后，身体与地面的距离拉大了，上半身远远高出于地面，身体周围的空气流速较快，就比较容易散发热量。第三，热带草原地区的地面长满了植物。由于植物的蒸发作用，近地面空间的空气比较湿润。人体水分的排泄与空气中的湿度有很大的关系。空气湿度大，动物身上的汗水就不易蒸发，热量散失的就慢。越是干燥的地方，蒸发越快；越是潮湿的地方，蒸发越慢。四肢着地的动物由于比较接近地面，它们的汗水不易挥发，而直立则比较容易散发。

直立行走使人的头长在了身体的上方，使紧固在头颅上保持头颅稳定的肌肉减少，从而有利于大脑的发展；直立使人能够眼观四方，不再只望着地面，扩大了感觉器官接收的信息量，使大脑得到丰富的信息营养，迅速地发达起来；直立也促进了手的解放，使手越来越灵巧有力，为它进一步的发展创造了有利的条件。所以，恩格斯认为直立是从猿到人过程中的具有决定意义的一步。

当然，事物有一利必有一弊。直立虽有不少好处，但又容易暴露自己，易被食肉动物发现。直立也使虚弱的下腹部暴露在敌人面前，容易受到攻击。直立也使跑动的速度慢了下来。四足行走的黑猩猩、狒狒的奔跑速度比人类快30%～40%。由于人类的直立行走姿势在进化年代上不够久远，进化还不够完善，也带来了一些新的问题。四足类动物的脊椎是拱形结构，而人类直立以后的脊椎是S形结构。从力学角度看，拱形结构比较稳定，S形结构需要强大的肌肉帮助固定。人类中间经常发生的骶棘肌痉挛、腰痛等疾病，可能与直立后提高了肌肉的固定功能有关。人类直立后，也引起了骨盆的变化，使原来的产道系统发生了改变，人类生育孩子时会有长时间的阵痛。人类的难产率比较高，可能也是直立所引起的新问题。这些问题，只能通过进化过程使各个器官进一步调适。进化不会达到尽善尽美的地步，常常要付出一定的代价。直立就是一个很好的例子。

人类祖先究竟为什么直立行走？解开这个谜还有待于进一步的考古发现。

经过不懈的努力，直立行走的人们创造了自己的文明

人类进化的空白期之谜

在达尔文的进化论中有这样的时间分析：

古猿，生活于1400万～800万年前；

南猿，生活于400万～190万年前；

猿人，生活于170万～20万年前。

这里显然存在着两个空白时期：南猿与古猿之间空白400万年，猿人与南猿之间空缺20万年。人们不禁要问：在这两个空白时期，人类处在何种状态呢？对此人们进行了种种猜测。

相比较而言，400万年前的空白时期更引人注目。

就生存环境而言，古猿生活在森林里，而南猿和猿人生活在草原上，于是有人推测在这个空白时期

人类应该生活在树上，也就是说人类是从陆地上起源的。

1960年，英国人类学家哈代提出了"人类起源于大海"的假说，他认为，在那400万年的进化期，人类的祖先是在大海中生活的，是一种"水生海猿"。那么，这一假说是否能解释那段空白时期呢？

人与海生动物之间的确有着某种密切的关系：妇女在水中分娩没有痛苦；婴儿有游泳的本能；人类有潜水的生理特性；人每天要摄取一定量的食盐……而人与海豹、海豚等水生哺乳动物之间也存在着相同的特点：皮肤裸露；有厚厚的皮下脂肪；泪腺分泌泪液；能向体外排出盐分。而这些都是灵长类动物（如猩猩）所没有的特点。

科学家们对这一进化过程的

设想是：海水分隔了古猿群体，迫使其中一部分下海生活，进化为海猿；几百万年后，海水退去，海猿重返陆地，成为人类祖先。这一设想虽然只是一种"假说"，但却被越来越多的人所接受。

对于人类的起源问题，一直就存在着多种说法和推测。进化论认为，人类的祖先是猿。但是，人类学家们发现，在人的进化过程中缺少重要一环，在猿——类人猿——猿人——类猿人——人的链条中，没有"类猿人"。由此，他们对从猿到人的进化过程提出了疑问。

不久前，西欧科学家马莱斯提出，人类的祖先来自外星球。也就是说，大约在65万年前，一批高度智慧的外星人来到地球，他们认为地球上的环境条件很适合居住，于是就决定创造一个人种。当时地球上非常原始，猿人算是最高等的生物，他们就从猿人当中选出最好的雌性猿人，并对其进行受孕，于是就产生了人类。马莱斯还对圣地亚哥发现的5万年前的头骨进行研究，发现死者的智慧远远高于今天的人类。当然，马莱斯的说法也仅仅是一个假说。

从类人猿到人的进化链条中，少了一个重要的环节，却无从追溯

人体毛发脱落之谜

人类为什么身上不长毛？大自然出于何种原因，使人类远古的祖先身上的浓毛脱落的呢？它身上的浓毛又是什么时候才脱落的呢？

有人认为，人类远祖在进化中出于卫生的原因才将浓毛退化掉的。这种理论认为，人类祖先身上的毛皮是各种寄生虫的滋生之地。虱子、跳蚤等寄生虫潜伏在人的毛皮中，不仅吃人的血，而且传染疾病。特别是人类祖先学会了狩猎以后，食肉和狩猎更容易把人的毛皮弄脏。秃鹫以动物的尸体为食，吃食的时候，常常将头伸到尸体中去，头部搞得血肉淋漓。也许头上的毛对吃肉不利，或对卫生不利，因此，秃鹫头部的毛就渐渐失去了。人类的毛可能也是由于类似的原因而褪去的。但是，反对"卫生

说"的人提出，毛皮对人类来说是不卫生的，但是对猩猩等动物同样是不卫生的，也不利于它们的生存，为什么猩猩们至今还是浓毛遍体，而唯独人类是赤条条来到这个世界呢？再说，猴子会互相理毛，人类为什么不会用工具理毛呢？

有的人类学家提出，无毛是人类学会用火后的一种自身调节现象。人类的毛皮原来是大自然赠给人类来保暖的。在夜里，寒气袭人，有了毛皮，能够御寒。但是，人类学会了用火后，人类祖先就能在寒夜围火而坐，依火而卧，用火来驱赶寒意。而在白天，热带地区气候炎热，毛皮就显得多余。因此，人类学会用火以后，用于御寒的毛皮就渐渐脱落，人类就成为光洁无毛的动物。但是，目前还没有

证据证明人类是在学会用火以后开始成为无毛动物的。

有的学者认为，人类脱落身上的毛，是因为这样有利于改善人的社会性。人是一种社会性动物，他要依靠社会的力量生存和发展。

长臂猿

浑身长毛的人，彼此间比较难以识别，脱掉了毛以后，脸就具备了更典型的个体特征，更便于相互辨认。特别是皮毛的消失对于加强人类男女之间性的结合，稳固配偶关系有很大好处。性与触觉有密切关系，性科学的研究指出，性的结合常常依赖于抚摸、拥抱等触觉机制。人的皮肤上有许多性敏感区，这也可能是脱去了毛皮以后形成的。

还有的学者提出了狩猎说。这种理论认为，人类失去身上的浓毛，是适应狩猎生活的结果。狩猎时，猎人要对野兽进行长途的追逐，狩猎的长途奔跑又会产生许多热量。浑身长毛的动物奔跑速度不快，也不能迅速地降低体温，而脱去毛能更好地散热，就能在狩猎过程中处于更加有利的地位。皮毛在狩猎时显得多余，而在夜晚寒冷时，却有重要的保温作用。失去毛皮会使人类祖先耐寒的能力大大下降。作为一种补偿，人类的身上产生了一层厚厚的脂肪，它在平时起着保暖的作用，但在狩猎时不影响出汗。这样，人类以脂肪代替毛皮，既能出汗降温，又能在寒冷的夜晚保暖，可谓两全其美。

近年来，有学者提出惊人之论，认为人类可能起源于海猿或海豚，因而身体光洁无毛。但是，也有一些学者反对这种解释，指出不一定是海生动物身上无毛，有些陆生动物也是身上无毛或少毛的，例如大象、犀牛等全身也少毛。这是因为他们身体较大足以保温，可以不需要长毛的缘故。另外，从进化的角度看，猴子出生时全身有毛。长臂猿出生时，背部有毛，身体其余部分的毛是出生一周后才生长的。大猩猩出生时只有头部有毛，身体其余部分无毛，在成长过程中，毛才长满它的全身。人类出生时，也只有头部有毛，成长后体表局部有毛。从猴到人，体毛是逐渐退化的。这不能支持"海生"假说。也有的学者提出，海洋生活的某些动物，如海狗，身上也有毛。有毛无毛，是在于体形的大小是否足以保持体温。

人类为什么光洁无毛，它究竟给人类带来了什么样的好处，至今还是众说纷纭，还需要人类学家继续深入的研究。至于人类是什么时候脱去了毛皮，是在腊玛古猿、南方古猿，还是直立人阶段或别的人类发展阶段完成了脱毛的变化，人类学对此更是所知甚少，悬案甚多。

左右手的奥秘

在动物身上，虽然没有什么明确的手脚分工，但据观察，它们使用左前肢和右前肢的概率基本上是相等的，无论是低等动物还是灵长类动物均无例外。而作为万物之灵、有着灵巧双手的人类，左手与右手的使用概率却极不相同，大多数人习惯于用右手，而习惯使用左手的人仅占世界人口的6%～12%，为何比例如此悬殊？

有的人试图从左右脑的不同功能，即做与想的密切关系，以及心脏的位置等角度来解释人们为什么大多数都习惯用右手这一问题，然而并未获得圆满的答案。

最近，瑞士科学家依尔文博士提出了一个新的假设。他认为在远古时代，人类祖先使用左右手的概率与其他动物一样，都是均等的，

只是由于还不认识周围的植物，而误食其中有毒的部分，左撇子的人对植物毒素的耐受力弱，最终因植物毒素对中枢神经系统的严重影响而导致难以继续生存；而右撇子的人以其顽强的耐受力而最终在自然界中获得了生存能力，并代代相

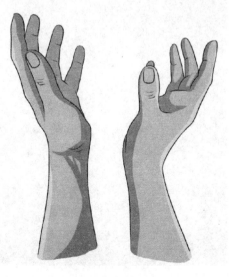

左右手

传，从而使得使用右手的人成为当今世界中的绝大多数。

美国科学家彼得·欧文名也通过实验证实了依尔文的假说，他挑选88名实验对象，其中12名是左撇子。他对这些志愿者用了神经镇静药物后，通过脑照相及脑电图发现：左撇子者大脑的反应变化与右撇子者有极大的不同，几乎所有的左撇子都表现出极强烈的大脑反应，有的甚至看上去像正在发作癫痫病的患者，有的还出现了精神迟滞和学习功能紊乱的症状。

如果同意依尔文的假说，那么，左撇子者少，就成了人类历史初期自然淘汰的结果，左撇子实际上是人类中的弱者。

的确，在一个多世纪前，人们普遍认为左撇子是一种不正常的生理现象，甚至把它看成是一种疾病，以为这是由于产妇遇到难产时，婴儿的左侧大脑受到了损害，使控制右手以及文字和语言功能都产生了障碍，婴儿在以后的生长过程中经常地用左手。

然而，事实却与一个多世纪前

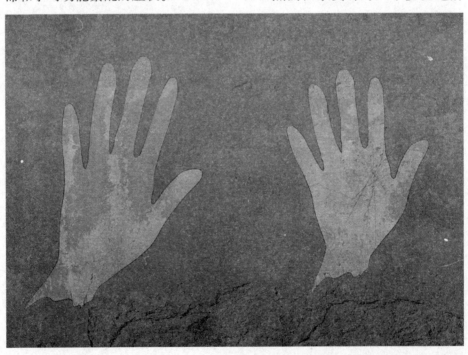

手印

人们的认识以及依尔文假说推论出的结论有很大的出入。

我们生活中的左撇子大多是一些聪颖智慧、才思敏捷的人，特别是在一些需要想象力、空间距离感的职业中，左撇子往往都是其中最优秀的人才。据调查，美国一所建筑学院中29％的教授是左撇子，而且准备应考博士或硕士学位的优秀学生中，左撇子占23％。不仅如此，世界上最佳网球手的前四名中有三名是左撇子，而乒乓球队、击剑队、羽毛球队中的左撇子的选手也相当多。

现代解剖学给了我们如下的解释：人的大脑的左右半球各有分工，大脑左半球主要负责推理、逻辑和语言；而大脑右半球则注重几何形状的感觉，负责感情、想象力和空间距离，具有直接对视觉信号进行判断的功能。因此，从"看东西"的大脑到进行动作，右撇子走的是大脑"左半球——右手"的神经反应路线。而左撇子走的是"大脑右半球——左手"的路线，左撇子比右撇子在动作敏捷性方面占有优势。据此观点，左撇子者是生活中的强者。

那么，以上两种截然相反的观点，究竟谁是谁非？左、右手真正的奥秘何在？这需要经过进一步探索、比较和分析，才能得到圆满的答案。

人类智力极限之谜

近几十年来，全球信息总量呈爆炸性增长，世界上每过一小时即产生20项新发明，每过一年就会新增790万亿条信息。世界发生着翻天覆地的变化，人类进入了经济全球化、知识密集化、信息网络化的知识经济时代。20世纪下半叶人类发明的电子计算机，对人类的贡献惊人。仅在美国，每年由计算机完成的工作量可代替4000亿人的劳动。由于当代科学技术的突飞猛进，目前人类一年创造的财富是20世纪初的19倍。

人类是否会以近几十年来的速率，继续创造发明，越来越聪明？随着知识、信息的加速度增长，人类的聪明程度是否也会加速度提高？

以研究未来学著称的一个英国科研小组提出，人类大脑的进化已接近极限。也就是说，如果不借助外来因素，未来人类不会比现在人聪明很多。这个科研小组根据他们给出的人类大脑进化数学模型，分析指出：人的神经元数与神经网络规模，决定了人的大脑接受、处理、利用信息的能力，也就是决定人的聪明程度。而人的大脑的脑容量是所有灵长类动物中最发达的，其中包括100亿到1000亿个神经元与100万亿个神经元之间的联结线路。由于直立行走，大脑处于供血的心脏的上方，限制了大脑调动全部神经元与联结线路的能力。该模型认为，人类目前只能使用大脑最大的信息处理能力的20%，如果超过这一极限，大脑会出现供血不足的现象。只要未来的人类直立行走的模式不变，这一情况好不到哪里去。

但也有科学家不同意人类聪明已到极限的悲观主张，认为在知识经济的时代，人类接受与处理信息能力的极大提高，会促进大脑进化出现结构性变化。人的不同区域的神经元与神经网络可能出现进一步分工，以提高信息接受与处理效率，这很可能使未来的人类比今天的人类聪明得多。

还有科学家从人类基因的角度探讨人类聪明问题。英国伦敦精神病学会最著名的行为遗传学家罗伯特·普洛明领导的研究小组，研究了智商悬殊的三百多人的遗传基因——脱氧核糖核酸（DNA），从被试者身上采集到的细胞，已作为永久性活体培养基因存了起来，以供随时从中离析出任何与智能有关的基因。研究小组报告指出，基因对各人在智商测验中的智力差异产生约2%的影响，这一比例虽然微不足道，但对人的聪明程度与智力遗传会产生很大的作用。人的聪明程度与智力遗传取决于许多不同的基因，其数目可能多达一百多种。普洛明强调，基因在人们的智力方面扮演较环境更为重要的角色，"教育固然使他们的智力大为改善，但他们的差异多半是由基因造成的"。按照普洛明的研究成果，基因限制了未来的人类比今天的人类加速度地聪明起来。

普洛明的研究成果引起一些科学家的批评。分子医学会会长哈珀教授在《行为遗传》杂志上著文，认为普洛明研究会导致人们为追求聪明的后代在缺乏科学依据情况下对胚胎与胎儿进行"基因筛选"，因而是不可取的。由于科学界的异议，英国医学研究委员会决定暂缓考虑对普洛明的研究小组追加数百万英镑的科研经费。

近年来，又有学者用重大创造发明衡量人类的聪明程度，认为人类的重大发明基本上已到极限，科学发展已到终结阶段。但这一观点很快遭到众多学者的批评与否定。持乐观论的学者甚至认为，从人类长远的未来来看，今天的科学水平远未成熟，还只是处于相当幼稚的阶段。

人类聪明究竟是否已到极限？人的智力是否真像人的100米短跑速度与人的跳高高度等一样已近极限？这一大难题，相信在不久之后能得出满意的答案。

野人存在之谜

1832年，一个叫霍得格逊的外国人声称自己发现了"雪人"；1962年，又有人声称在云南西双版纳密林中发现了"野人"……

野人，是一种类似人而又不是人的动物。通常，科学家都认为人们所说的野人就是达尔文所说的类人猿。而根据达尔文的进化论，类人猿早就已经消失了，在地球上应该只存在着人类与猿猴，不再有类人猿。但是，从18世纪开始，野人是否仍然存在的问题就引起了来自世界各国的科学家们的争论。

究竟是真的有野人还是根本就不存在野人？这个问题引起了科学工作者的高度重视，因为，假如真的有野人的话，许多人类学的观点就要被重新修改了。

"华中屋脊"神农架位于鄂西北大山深处，这里物种非常丰富，有336种陆生脊椎动物，二百余种鸟类，三十余种两栖、爬行动物，拥有昆虫27目，约占全国昆虫种类的81.8%。这里还有四十多种国家重点保护的野生珍稀动物，如金丝猴、金钱豹、华南虎、白鹳、金雕、大鲵、穿山甲等。白化型动物在这里也极其丰富，这里先后发现了白熊、白麂、白猴、白蛇等。神农架目前已知的高等维管束植物有2419种。按其地理位置和生态条件，神农架可被划分为三个不同垂直森林植物带：海拔800～1500米之间为亚热带性常绿阔叶林混交林带（800米以下为栽培植被）；海拔1500～2600米之间为暖温带性落叶、阔叶、针叶林带；海拔2600米以上的为寒温带性常绿针叶林带。

据传说，神农架的"野人"就存在于这一地区的高山密林之中。这种传说也并非无稽之谈，因为科学家在与神农架仅一江之隔的建始和恩施一带，发掘过数十种哺乳动物化石，如猕猴、猩猩、西藏黑熊、巴氏大熊猫等。在建始县高坪，甚至发现了巨猿化石，埋葬化石的堆积物一般介于山谷、山丘之间。

1985年，科学家还在与神农架紧密相依的巫山县大庙区龙坪村附近的一处古洞穴里，发现了一堆早期人类化石的左侧下颌骨和两个牙齿；时隔一年，在同一地点，同一层位，又获得了一个上门齿和一个上乳门齿，此外，还有大批哺乳动物化石。与此同时，科学家还在神农架大量存在的喀斯特地形中，发现过几种哺乳动物化石。

这些科学考察为神农架"野人"的存在提供了一系列有力的依

传说中的"野人"影子给人们带来了太多的假想

据。人们曾设想，如果巨猿能在神农架幸存下来，成为像大熊猫一样的活化石，那么人类进化的许多谜团也就可以解开了。科学家非常珍惜这一机会，中国科学院还为此郑重地派出古人类学家对当地居民的种种发现作了严格的实物考证和访谈询问。据说，这些奇异动物的脸形像一个小头朝下的葫芦瓢，耳朵圆形且长满了毛，腰臀肥大，身体精壮，没有小脚趾，奔跑时腰低而肩高，逃窜爬岸时不是攀爬而是蹿跳。

然而，就在人们翘首期盼考察结果出来时，几则令人非常伤心的消息传来：当事人提供的毛发，其实是一种比较罕见的马熊。而那些鲜红色"野人红毛"，实际上也是一家祖传的清朝官帽顶子上取下来的装饰品，灼人的红色是人工染上去的。这一下可把人们的感情伤透了，从此，谁也不愿意相信野人的说法是真的。1975年，中国科学院北京动物研究所野人调查小组通过对毛发的鉴定，否定了殷洪发拔下的毛是野人毛，而是野山羚羊毛。这样一来，人们对野人之说更怀疑了。

科学考察队到西双版纳的研究同样把人们的"野人"之梦打破了，因为科考结果显示，当地的"野人"只是一种长臂猿。

但是，更多的传说仍然使得人们对野人的存在抱有幻想。实际上，野人存在是有一定的理论依据的，神农架野人更是如此，不过，这种说法毕竟缺少实证，更深入的研究仍然在进行之中，这种研究能否给我们一个明确的答案？让我们继续等待吧！

西伯利亚雪人的奥秘

◉ ◉ ◉ ◉ ◉ ◉ ◉ ◉ ◉ ◉

辽阔的西伯利亚，人烟稀少，令很多探险者望而却步。有关雪人的报道，更让这原本就荒凉的地区蒙上了一层神秘的面纱。这些看似戏剧性的报道，多来自当地人的亲口讲述，都是有据可查的。下面就是一位当地老人的真实讲述：

"在离河300米的地方，我和两个年轻人，还有6个小男孩，正在割草。我们突然发现，河对岸有两个我们从未见过的怪物——一个矮而黑，另一个怪物却很高，可能超过2米，身子灰白色。他们看起来像人，但我们立即认出并不是人。大家都停止割草，呆呆地看它们在干什么。只见它们围着一棵大柳树转，大的白怪物在前面跑，小的黑怪物在后面追，像是在玩耍，跑得非常快。它们赤身裸体地奔跑了几分钟后，便飞快地跑远，然后就突然消失了。我们赶快跑回小屋，这间小屋是割草时临时居住的地方，就在我们附近。我们在小屋里呆了整整一个小时，不敢出来。然后，我们就抄起手边的东西当武器，还带了一支枪，乘着一只小船，驶向对岸怪物玩耍过的地方。在柳树周围，我们看到了很多大大小小的足印。现在我已记不清小的脚印上的趾迹是什么样子，但我注意观察了大的足印，确实很大，像是我们冬季穿大皮靴留下的印记，不过脚趾看来是明显分开的。较清楚的大足印共有6个，长度都差不多。脚趾不像人的并在一起，而是略分开一些。"

这篇报道与以前有关"雪人"的报道有两点不同。一是当时看到怪物的并不是一个人，而是很多人同时看到的；二是同时看到一大一小两个野人在一起。这就必然会引出一个问题：那小的野人是不是同种族的一个幼儿？从老人描述的基本情况以及足印看，这两个怪物很可能是"雪人"类的动物。

还有，据当地人透露，猎户们猎杀的放在屋内的动物尸体常常会被"雪人"偷走，由此可以断定"雪人"是食肉类动物。

根据当地人所提供的"雪人"特征，专家经过综合分析后认为，可能是进化过程中的西伯利亚"雪人"，因奇怪的退化现象的出现，才使"雪人"成为了西伯利亚的一大谜团。"雪人"到底是不是人，目前还不得而知。

生活在雪峰背后的雪人，到底是不是人，还等着人们去探索

北美大脚怪之谜

◉　◉　◉　◉　◉　◉　◉

在亚洲的其他地方，从北部的戈壁沙漠到南部的印度阿萨姆邦，野人的名字是梅蒂、舒克伯、米戈，或者坎米。而在美国西北部，住在偏僻伐木地带的人叫它"大脚"。在加拿大落基山的丘陵地带，它又被人们称为沙斯夸支。

无论叫什么，野人的外形大致都是相同的：身高约3米，体重约136千克，外貌和头发像猿人，两腿直立行走，种属不明。

20世纪50年代，在尼泊尔，一支由伦敦《每日邮报》赞助的探险队发现了雪人的足迹和粪便。据分析，这些粪便说明雪人的食性同人一样，是既吃动物也吃植物的。

有一种说法认为，它们是巨猿的后裔。这是荷兰古生物学家拉尔夫·冯·凯尼格斯沃尔德的发现。

1935年，凯尼格斯沃尔德在香港中药店里发现了一些巨大的猿类牙齿。20世纪五六十年代，他在中国南部、印度和巴基斯坦又发现了更多的这类巨兽化石。他在亚洲各地发现的牙齿，可以判定是属于身高达3.55～3.96米的无尾猿的。论证表明，在森林地带无力与人类进行生存竞争的巨猿，可能迁移到了偏远的地区以避免灭绝。

怀疑者指出，就牙齿为"线索"而言，它可能是熊、叶猴、喜马拉雅山的狐狸、灰狼或雪豹留下的残存者。还有人猜测，雪人是高海拔地区缺氧使人产生的一种错觉。

但是，不是所有的证据都能完全否定，也不是所有的怀疑——诸如在美国西北地区发现的相似怪物——都能得到解释。

在北美的印第安人中，早就流传着这种神秘大脚野人的传说。但确凿的足迹最早是在1811年发现的。当时探险家大卫·汤普逊从加拿大的杰斯普镇横越落基山脉前往美国的哥伦比亚河河口，途中看到一串人形的巨大脚印，每个长30厘米，宽18厘米。由于汤普逊没有见到这种动物，只看到了大得惊人的脚印。所以，他报道了这一消息后，人们就用"大脚印"来称呼这种怪兽。从此以后，关于发现大脚怪或其脚印的消息络绎不绝。至少有750人自称他们见到了大脚怪，还有更多的人见到了巨大的脚印。虽然不

少科学家认为大脚怪是虚妄之谈，但有些报道不能不引起人们的注意。

美国总统西奥多·罗斯福不是一个轻信流言的人。但他在1893年出版的《荒野猎人》一书中曾记载了一名猎人亲口给他讲述的与大脚怪遭遇的可怕故事。那件事给老罗斯福留下了非常深刻的印象。猎人名叫鲍曼，事后多年，他谈起这段经历时仍不住地打哆嗦。鲍曼说，他年轻时和一个同伴到美国西北部太平洋沿岸的山地捉水獭，就在林中宿营。半夜里，他们被一些嘈杂声吵醒，嗅到一股强烈的恶臭味，便在黑暗中看到帐篷口有一个巨

丛林中，迷雾重重，隐藏着人们未知的生物

大的人形身影，他朝那个身影开了一枪，大概没打中，那影子很快冲入林中去了。由于害怕，鲍曼和他的同伴决定第二天就离开。当天中午，鲍曼去取捉水獭的夹子，同伴则收拾营地。夹子捉了三只水獭，鲍曼到黄昏时才清理完毕，但他赶回营地时却大惊失色，同伴已经死了，脖子被扭断，喉部有4个巨大的牙印，营地周围还有不少巨大的脚印，一看就知道是那只怪兽干的。由于恐惧，鲍曼什么都顾不上收拾，骑上马，一口气奔出了森林。

在1967年，华盛顿亚基玛地方的大牧场主罗杰用16毫米摄像机拍摄到一只个子高高的多毛动物。当时它正直立行走涉过110多米宽的小河。地点是在加利福尼亚州的尤里卡地区附近。罗杰拍的胶卷有8.4米，拍到这只动物模糊不清、短暂连续的镜头。它长着下垂的乳房，是雌性，走路时步子很大，双臂摆动。它转过身来看了一下摄像机，随后消失在树林之中。

美国人伊凡·马克斯是个擅长风景摄影的猎人。20世纪70年代，他曾几次拍到"大脚怪"的照片。

1977年4月，他在加州的夏斯塔那附近拍到了许多"大脚怪"的珍贵镜头，根据马克斯多次拍摄到的照片、影片，美国惊异视野公司制作了一部名为"大脚怪"的电影，电影映出后引起了强烈反响，许多科学家认为，"大脚怪"可能是古代巨猿的后代。

许多学者认为，世界上真有一种沙斯夸支大脚野人存在。它们多分布在美洲，并且有足够的人证、物证证实了他们的存在。

1955年，在英属哥伦比亚米加山区，一位名叫威廉·罗的筑路工人（他还是一个有经验的猎手和看林人），见到一个女性野人沙斯夸支。这个野人高约6.3英尺，个头大，全身呈棕黑色，头发是银色的，乳房很大，有两只长臂和一双大脚。罗还注意到，她行走时像人一样，后脚先着地跨步，头的后部似稍高于前部，鼻子扁平，两个耳朵长得像人耳朵，小眼睛。她的脖子很短，几乎看不出来。还没等他仔细端详完，这个女野人已发现他就在其身旁，便赶快走开了。

在大脚野人出没频繁的俄勒冈

州的某县，1969年还曾颁布了杀害大脚野人要判处5年监禁及罚款的法律。

更令人吃惊的是，不少学者认为美洲的大脚野人是中国巨猿迁徙进入美洲大陆而演化的。

到了1970年，在对全球有关庞大的直立怪物的描述中又加入了新的成分，那就是，某种未经证实的两足动物可能和不明飞行物（UFO）有关。

乔恩·埃里克·贝克约德是美国华盛顿州西雅图"大脚怪科研所"的创立者和所长。根据他所说，目击大脚怪的事件每月都有。大脚怪研究所不但收集各种目击报告，而且还收集大脚怪的毛发和血液样品。

1977年，在俄勒冈州的莱巴嫩城，一头巨兽一边尖叫一边拉掉一座谷仓的门，捣毁了围墙，贝克约德取得了它留下的毛发。

加州大学伯克利分校的自然人类学家和生物化学家文森特·萨里奇对杰弗逊家碎玻璃上的血迹做了化验，发现这是一种比较高级的灵长类动物的血。同时拿来的毛发样品以及其他几次取得的毛发样品由三位专家做了分析化验。他们的结论是：这些毛发不是人、狗、熊或其他相近的哺乳动物的，也不是已知的任何灵长动物的，但与大猩猩的毛发比较相近。

贝克约德说："这些动物体型巨大，不可能是人。这里显然有许多事情还是个谜。它们可能是与人类有亲缘的灵长类动物。"

胡兰山怪人之谜

⚫ ⚫ ⚫ ⚫ ⚫ ⚫ ⚫ ⚫

经过两年的调查研究，洛杉矶大学人类学教授Wolf．Friedrich与战地记者Owen．Robert二人，于1992年合著了《神秘的越南丛林》一书。其中生动地记述了存在于越南亚热带原始森林中的野人。在有关"野人"的描写中也许有联想的成分，其中两节曾描写了这样一些事件。

胡兰山区距西贡四百多千米。陆75团3营是美军设立于胡兰山区的一支守备部队，之所以设置于此，目的在于防范北方游击队对美占领区的偷袭。该营是于1969年在此地驻扎的，营部设在孟雅村。

温克勒·西蒙少校当时是该营的首长。此人在越战结束后到弗罗里德当了警察。欧文·罗伯特（Owen.Robert）来采访他，当问到越南丛林中是否存在野人时，温克勒·西蒙说："确凿无疑！假如说野人不存在，那就是我的眼睛出了毛病。"

当年的西蒙少校现在已是一位善谈的老人。他当即向欧文·罗伯特讲述了1969年6月9日这一段时间，野人骚扰部队的经历。

西蒙老人说，当时，孟雅村营部驻扎了五十多名官兵。有一天早晨，华尔·迈克上尉惊呼起来，命令各战斗队员戒备各村口通道。华尔·迈克上尉查出当夜是两位下士站岗，当即进行了处罚。

原来，迈克早晨接到官兵食堂的报告，说他们起床后准备早餐时，发现粮食颗粒无存。迈克上尉断定是游击队进了村庄，而两名哨兵竟然没有发现。迈克上尉极为恼

怒，当即准备将两名哨兵押送到西贡，让他们接受军事法庭的裁处。

西蒙老人说，营部共有五十多名军事人员，夜间，他们的生命完全掌握在哨兵手中，一旦他们擅离职守，稍有疏忽，大家就都完了。迈克上尉当时的处罚是正确的。

两名下士极力辩解却毫无用处，当天就被送往西贡。可是，第二天早晨官兵食堂的伙夫又向迈克上尉报告，存积在食物库房的大量罐头被盗，另有一些调料沙司之类的东西被撒了尿，库房里有许多大便。

迈克上尉查看了食品库房，向西蒙少校说起这件蹊跷事：当夜，迈克上尉每隔四十多分钟就去哨楼查哨，的确没有发现哨兵有怠职的现象。两个哨楼成掎角之势，南北照应，凡通道和营房，尽在眼底，出入人员，无不在控制之中。

营部几个军官立即聚在一起进行分析，断定是精通游击战的越南游击队敢死人员所为。数量不多，但行动快捷，企图断绝粮食，以示对美军的惩罚。事后西蒙少校电致团部，请求火速运送粮食到孟雅村。并组织了一个由20名精壮人员组成的巡逻队，整夜防守。

一连几天，却平安无事。然而一旦巡逻队解散，又发现相同的事。西蒙少校立即下令恢复巡逻队，但是不许巡逻队四处走动，甚至连岗哨的士兵也可以打瞌睡，以麻痹游击队。而巡逻队所有人员都进行备战掩蔽，埋伏在各个角落，以便将游击队一网打尽。除了巡逻队外，其他军事人员全都处于戒备状态，一旦发生冲突，他们可以立即开火反击。

西蒙少校亲自参加夜间埋伏。快到夜里11点时，他也忍受不住了，在草丛杂树间埋伏是一件难以忍受的事。西蒙少校回忆道："在越南的日子里，每时每刻都充满了险峻、恶劣。游击队、老百姓，甚至连蚊虫都对我们满怀敌意，我身上擦遍了防护油，可还是被那些蚊虫、蚂蚁、蝗虫叮咬得遍体鳞伤，这些该死的小动物，它们比游击队还不留情。"

夜间12点，西蒙发现有一个黑影飞快地从树林奔出，接着有两三个黑影又随之奔出。他们并不沿道而行，却是沿直线奔向村口。西蒙不无奇怪，那敏捷的行动和跨越障碍的本领，连国防部的特种部队也没有能力达到。

前后共有4条黑影，长得矮小，但似乎手臂特别长。夜色之中，无法看清他们是否拿了武器。到了村口，4条黑影躬身小心翼翼地向四处探着；然后迅速分散，从不同地方向村里奔去。

西蒙用对讲机命令各伏击点人员注意。由于未发现他们携带武器，要他们最好能生擒这四个游击队员，以便能审问出这一山区地带的游击队情况向团部报告，重新调集军事设置。

几名士兵尾随而去。西蒙在后来说："我们的做法，相当愚蠢，这些家伙行走如飞。"

食品库房是重兵镇守处。当那里的埋伏人员发现几条黑影时，已是那些家伙背着、搂着食物出现在屋顶了。他们出入时并未从地面行走。

迈克上尉命令哨楼打亮探照灯。一刹那间，四束灯光照得食品库房及附近明如白昼，四条黑影似乎被吓傻了，立在屋顶。所有的人都看清了，那四个家伙浑身长毛，没有穿衣服，脸上是红色的，手臂奇长。原来小偷就是它们。

西蒙少校下令守住路口，抓住这几个怪人。哪知十几秒钟一过，四个怪人回过神来，发出尖厉的声音，丢掉手中的物品，惊慌失措地飞跃而逃。

没有一个士兵能靠近他们。他们穿越封锁，攀着屋檐、树枝，动作是惊人的，不到3分钟时间，顺利地逃出了整个警戒区，未伤一根毫毛。

在欧文·罗伯特来访时，西蒙少校说："当时，我们不知道有野人存在，也不知道他们就是野人。我们称他们为胡兰山怪人。"

此次事后，平静了十几天，野人又出现了。既然并不是游击队，西蒙少校就未下令杀死它们。只是挖了地窖，严密地藏好了食物。可是这群野人偷不到食物，就大为恼怒，拆坏哨楼，钻入营房撕烂士兵的蚊帐、衣服，在井里面、蓄水池里撒尿、拉屎。

当然，野人的出现均在夜间，白天从来不出动。

有一次，西蒙发现一个野人竟身穿军服出没于村子。还有一次，当野人在营房内出现时，几名士兵醒来，都扑上去企图抓获野人。哪知矮小的野人不仅灵敏，还十分凶猛。野人的手爪长有锐利坚硬的指甲，被抓中者鲜血淋漓，皮肉撕裂。士兵们发出痛苦的喊声，那野人破门而出，援救的人赶到时，已没有了野人的影子。

后来，西蒙少校吩咐伙夫，在食品库房放置少量食物，供野人拿取，以免他们骚扰营房。果然，野人取得了食品后，再也没有骚扰行为，但它们仍然是夜间出没。

谈起这事，西蒙只略有一点遗憾：我们应该设置陷阱或者用渔网捕捉住其中一个人，这样可以对这些怪人有更多的了解。但不知道在战争中这样做，会不会产生恶劣的后果。西蒙少校曾经拍摄过野人。由于都是夜里所拍，而野人的行动又无比敏捷，所以画面上根本没有野人的影子。

阿登·赫塞尔是美军陆战队上尉，1970年6月，他被越共游击队捕获，押往北越。途中，游击队一直逼供。阿登上尉怕自己经不住苏联指挥官的手段，招出美军在海防的军事布置，便趁守卫人员松懈之时，

逃出押解队伍，往黄高森林跑去。

黄高森林位于西贡之北，与中国广西龙州相邻，处于左江下游。这里深林茂密，白天气候炎热，夜间又寒冷潮湿。

阿登上尉身带创伤，衣衫破烂，拖着皮靴，在森林里走了两天两夜，他虽然明白自己迷失了方向，但别无选择，面对游击队的追捕，只能如此走下去，至于能不能生存下去，阿登上尉还没想过，一切只有听天由命。

这一天，阿登上尉来到一条小溪边，捧着水喝，又用水洗脸，当他站起身来时，发现周围有一群既像人又像兽的家伙，它们披头散发，额骨外突，鼻子扁平，两只鼻孔奇大，耳朵向前长着，身上都长着半英寸左右的长毛，黑油油的。其中两个怪物显然是雌性，长有乳房。

这些家伙都不穿衣服，也一声不发，注视着阿登。阿登上尉在讲述时说了当时的心情："见到这么多野人出现，老实说，我第一个念头就是快跑。但我吓坏了，一双腿像灌了铅，不能挪动一步。但我见它们也是诧异，不敢向我靠近，我

便明白它们也同样害怕。"

"我想，它们从来没见过人，更没见过金发碧眼的人。于是我镇静下来，向它们友好地问：'朋友，你们好吗？'那群野人你望我，我望你，没有动弹。"阿登上尉自我介绍起来，他明知野人听不懂，但要装成毫无畏惧的样子。见野人毫无反应，阿登上尉干脆向野人走去。

"突然，一个野人惊叫一声，刹时，七八个野人鸣地齐呼起来，一哄而散，逃得不知去向。"

天色渐暗，阿登上尉不敢继续往前行。便用石块、干柴引出火种，燃起一堆火，爬上榕树睡觉。半夜，一条蟒蛇把阿登惊醒了，它从阿登身体上滑过，吓得阿登神乱心跳，久久不能入睡。

第二天，阿登发现自己已落在野人手中，他被一群野人抛起来，又接住，然后又往上抛。阿登吓得连叫饶命，那些野人吵吵嚷嚷，显得十分开心。

阿登心想，自己不再神秘了，落在这群浑噩的家伙手中，只有死路一条，它们会在玩耍够了之后，

吃掉自己。果然，它们在抛累之后露出古怪的笑容看着阿登。

突然，一群野人冲上来，将阿登上尉的衣裤剥尽，取下靴子，然后摁住他的四肢。阿登明知道言语不通，但还是大声哀求别吃掉他。

看到另外几个野人抱来数十千克重的大石头，阿登心想，完了，他们要砸死我，或许是敲开我的脑袋，喝我的脑浆。

哪知，那些野人并没用石块砸他，而是将4块大石尖轻轻放下，压住他的四肢，然后，又放了一块大石压住他的肚皮。接着，又放了一些石块，垒在原来的大石上。阿登感到身负压力越来越重，几乎不能喘息。

那群野人嬉皮笑脸地朝阿登露在外面的头、胸吐着唾沫，又喜笑颜开地离开了。

阿登上尉见它们离去，而自己不能动弹，别说猛兽、蟒蛇，就是森林中的小蚊小虫都足以让自己成为一堆白骨。他破口大骂起来，希望野人干脆把自己杀死或吃掉。

可是野人再也没有出来，阿登无比绝望，骂声仍然不断。

后来，阿登上尉听到脚步声，以为是野人良心发现，又回来了。可他立即分辨出脚步声是皮靴。一队越共游击队追上了阿登，那个苏联指挥官也在其中，正是先前押解他的队伍。

阿登最后免于一死，作为俘虏交换给美国，如今，这位前海军陆战队上尉在一家美国电气公司当守门人，再也没见过那些胡兰山怪人。

阿尔金山大脚怪之谜

◉ ◉ ◉ ◉ ◉ ◉ ◉ ◉ ◉

随着中国国内报刊报道了"中国百慕大"——阿尔金山自然保护区存在"魔鬼谷"的消息之后，阿尔金山地区又引起海内外传媒的广泛关注和浓厚兴趣。没过多久，这块神秘之地忽然又"爆"出一条新闻：

1999年春节前，一条简短的消息在《新疆经济报》上刊出：有人在阿尔金山发现了一种神秘的"大脚怪"！据称，这是些"脚印有一只羊腿那么长，步幅有成年人的一倍多"的诡秘怪物。这一消息迅速在天山南北引起轰动。人们在想，这到底是什么动物？它同苏联和尼泊尔的"雪人"及我国著名的神农架野人有无关系？各传媒记者带着这些疑问，纷纷赶到现场进行采访。

阿尔金山地处新疆巴音郭楞蒙古自治州若羌县南部，系昆仑山支脉，呈东西走向。这里平均海拔四千五百多米，属第三纪末地壳变动形成的封闭型山间盆地，群峰巍峨，峡深谷幽，丛林莽莽，人迹罕至，是各类野生动物的天然乐园。14年前，国家在这里建立了野生动物保护区。

在这个国家保护区里，生息着野骆驼、斑头雁、雪豹等珍禽异兽五十多种，其中属国家级保护的珍稀野生动物多达15万余头。然而出人意料的是，在这个"动物王国"里，突然冒出个叫"大脚怪"的神秘之物。一时，把许多动物专家惊得目瞪口呆。

据保护区工作人员阿不都逊介绍，在一个风雪弥漫的傍晚，当地维吾尔族牧民买买提·内孜在阿尔

神奇的深山中，神秘的生物留下了神秘的脚印，然后又瞬间隐没在了丛林中

金山一带放牧时，突然发现一个直立行走、上肢摆动、身材酷似"篮球巨星"、没穿任何衣服的巨大"怪物"。他隐隐约约发现，这怪物通身无毛，披头散发，在雪野中行走如飞。由于风大雪浓、能见度低，无法辨清其头发色泽。不一会儿，这个"怪物"就消失在鹅毛大雪之中。当时牧羊人买买提·内孜既紧张又感到十分好奇，当他沿着这个"怪物"行走过的踪迹仔细观察时，发现它的脚印"足有一只羊腿那么长，步幅是成年人的一倍多"。

自称见过"大脚怪"的一些牧民，对这个神秘来客的描述大体似，有人甚至把这种"怪物"称为"雪人"或"野人"。综合这里的各种传闻，这个"大脚怪"有如下特征：高2米左右；喜欢在雪天外出活动，但不像别的猎食猛兽那样爱袭击人；身体看似笨重但反应灵敏，跨越轻盈，能轻而易举地跃过一米多高的障碍物。

不过，这些毕竟只是当地人的一些传闻，并没有确凿的证据。

事实上，一个世纪以来，人类追寻野人的活动一直没有停止过，但直到现在，正如飞碟、百慕大三角和"野人"之谜一样都缺乏实据，因而免不了会有人提出这样或那样的质疑。

那么，阿尔金山的"大脚怪"是不是仅算一种传说，或者它压根儿就不存在呢？据有关专家介绍，早在1984年10月8日，人们就偶然发现过它的踪迹。当时，新疆登山队的4名运动员在攀登阿尔金山穆孜塔格峰的前夜，曾在一个海拔5800米的冰斗里住了一夜。第二天早晨起床后，他们惊奇地发现，帐篷四周布满了一个个巨大而清晰的脚印。这些脚印一直向前延伸，最后消失在一个巨大的冰川里。事实上在这种雪海"寒极"里，常人是根本无法涉足的，这也许就是"大脚怪"长期以来难以被人们发现的主要原因。

当时，跟随新疆登山队的摄影师顾川先生，还在穆孜塔格峰下一个海拔近5000米的沙地上，拍摄到了一些十分清晰的大脚印，并当场进行了测量。他们发现，这些脚印的长度在50～67厘米，宽度为13～15厘米，深约4厘米，最深的约为6.5厘米，步幅一般超过1.5米，最大跨度近2米。这些尺度令众人惊讶不已。

接受采访时，一位叫阿孜古丽·克尤木的维吾尔族中年妇女告诉记者，她还听到了一些奇怪的声音，就像她在电视里听到过的猿猴似的"喔咔……"的叫声，特别是在风雪天，而且多数是黄昏时分。她说，这可能就是"大脚怪"发出的声音。

新疆动物学教授谷景和分析说："大脚怪"极有可能是国家级保护动物藏马熊。因为藏马熊在行走时，后爪紧跟前爪，踏在前爪踏过的地方，但只有部分与前爪印重合，这样，人们便看到了酷似人类的大脚印。此言一出，震惊四座，不少人表示认可这种观点，但谷景和教授并没有对"大脚怪"长时间的直立行走作出解释，这不能不算一个很大的疑点。因为很少有人到保护区进行系统考察，所以，谷教授的观点目前尚无法证实。

荒原上的野人家庭之谜

◉ ◉ ◉ ◉ ◉ ◉ ◉ ◉ ◉ ◉

约翰·格林在《追踪沙斯夸支》一书中，谈到一个沙斯夸支群体活动的事例，该书记录了一位猎人叙述的经历。

一位目击者告诉约翰·格林先生："我在俄勒冈州的荒原地带仅仅花了一天时间，那一天是我最富有成效的一天。可能是1967年深秋最后一个周末，正是猎鹿季节。天气特别冷，我沿着小道向下走了一英里左右。这是一条山间小道。海拔约5000～6000英尺高。我再向前走了一会儿就隐没在雾中了。我拐个弯，第一眼便注意到有些岩石块被翻了过来。"

这位目击者说："由于雾气，周围其他石块都是湿的，但这些石块却是干的。我抬头一望，在约40～50英尺的地方看到一块石头，

也看见好几个怪物——沙斯夸支在那儿。它们看起来像人或者说与人差不多。那雄的挺大，雌的并不那么大，还有一个小幼仔，不是很小，它正跟它的父母同行，它多半是站着的。"

目击者说："那两个年长的拾起石块闻一闻的时候，是蹲着，身子有点弯曲。它们有点很仔细的样子。它们向前移动了几分钟，那雄的可能是发现了它们正在找的东西，很快地在那些石块中挖掘什么，那些石块都是很大的鹅卵石，扁而尖的，间隙很大，下面有几个洞，好像这些石块曾被爆破过。那些动物闻一闻后又把石块垒好，不是放回原处，是成堆地码起来。当那个雄的发现了它所找的东西时，就把石头抛开，大的石块重达

五六十甚至100磅，它只需用手把这些石块迅猛地抛开，它挖出了一个看上去像个草窝似的东西，可能是些小啮齿动物叼到那儿的一些干草。"

"它在干草堆中挖出了那些啮齿动物，吃掉了。这些小动物可能正处于冬眠或睡熟中。有6～8个小啮齿动物，我注意到那个小的吃了一个，两个大的吃了两个或三个。正是这个时候，它们意识到了我的出现，一个个变得警觉起来，开始静悄悄地移到一棵树枝低悬的大树后面。以后，我再也没见到它们。"

目击者说："它们的脸有点像猫，没见耳朵，鼻子要扁很多，上唇很短，很薄。雄的比雌的黑些，是暗棕色，雌的是淡黄褐色。雄的肩上、头上和脖子上的毛要长些，呈线状下垂，肩部比雌的要肥大得多。它的臀部以上变得宽大，它的腰宽，但是从腰往上更宽，越来越宽大。它们的肩圆润或是下曲，双肩中的头的位置比人的头要低些，似乎没有人那挺立的脖子。"

"绝大部分时间，它们不是站立而是蹲下或向前倾，以便拾起那些石块。直到它们警觉到我的出现时，我才看到它们完全站立起来。它们行动敏捷，但是弓着背，曲着身穿过那些石块的。它们最后跑动时，身子是直立的。那妈妈将她的孩子抱起放在膝上，跑时把孩子放在前面胸部下方。她的乳房低垂着，比人的要低得多。"

"它们很粗壮，特别是背和肋骨以上肥重而厚。雄的有6英尺以上高，雌的只有雄的肩高，它们比人要高大得多，重得多。那小的，不到它母亲的臀部高。"

"我第一次看见它们站立时，是那雄的拿着草走出它挖的洞，这在它们跳开之前只是一瞬间。"

这一家三口怪物究竟是什么动物，至今仍是一个谜。

喜马拉雅山雪人之谜

◉ ◉ ◉ ◉ ◉ ◉ ◉ ◉ ◉

早在18世纪，美国人和英国人就在喜马拉雅山发现了"雪人"，19世纪50年代苏联出版了专著《雪人》。

中国登山队也在珠穆朗玛峰遇到过"雪人"。直至今日，"雪人"仍屡次出没，引起了许多人的兴趣。那么，喜马拉雅山真的有雪人吗？人们之所以相信其有，是因为有许多目击者，之所以怀疑其无，是因为至今仍未抓到过一个真正的雪人。不过，听许多目击者所述之详细，倒也难得不信了。

1954年，《杰里梅尔报》组织的由动物学家和鸟类学家组成的雪人考察队，来到尼泊尔一带的喜马拉雅山考察。考察从当年的1月一直持续到5月。令人遗憾的是，他们从没目击过雪人。不过，这并不意味着他们收获不大。他的收获之一是找到了长达数千米的连续脚印。

他们的另一个收获是在潘戈保契和刻木准戈寺发现了两张带发头皮。据说是雪人的，已保存了300年之久。头发是红色和黑褐色的，顶部正中向后隆起成尖盔状。经鉴定，这两张头皮不是人类的，而是一种似人灵长类的。

只能说，也许当地人并没撒谎。此外，考察队员们还访问了当地舍尔帕族和尼泊尔一方的藏族居民，请他们中的目击者描述雪人的样子和行为。令考察队员们震惊的是，目击者们对雪人的描述惊人地相似。这意味着什么呢？

1956年，波兰记者马里安·别利茨基专程去西藏考察雪人。他没有多少收获，只搜罗到一些故事。

峰峦迭起的雪峰，很多是人们无法涉足的，据说那里偶尔会有雪人出没

他有幸找到一位自称目击过雪人的牧民，这位牧民说，1954年，他随商队从尼泊尔回西藏，走到亚东，在一个村旁的灌木林里看到了一个浑身是毛的小雪人。马里安·别利茨基带着这些未经证实的故事，兴冲冲地返回波兰。

波兰人对他们的记者马里安·别利茨基带回的故事并不满足，流淌在他们民族血管里冒险浪漫的血液使他们再度向喜马拉雅山发起冲击。1975年，他们又组织了一个登山队，攀登珠穆朗玛峰。

在珠峰南面他们的大本营附近，他们发现了雪人的脚印。据说，在此之前，附近村庄的一个舍尔帕姑娘到这儿来放过牛，就是在这儿，姑娘和牦牛遇到了雪人。雪人高约1.67米，满头棕黑头发。它是突然从旁边蹿出来的，张牙舞爪地奔向牦牛，咬断了牦牛的喉管。波兰人既听到了故事，又得到了脚

印，于是觉得不虚此行。

女孩叙述了当时的经过："那是在我16岁那年，一天下午，我到我家南面山上放牦牛。那儿的草好，牦牛吃得很认真，我没什么事儿，就一边哼着小曲，一边看前面那座人形山。突然，我听到身后有脚步声，回头一看，原来是个浑身长毛的怪人，还没等我反应过来呢，那家伙就到我眼前了。听大人说过我们这一带有雪人，我想这家伙就是雪人吧。我想这下子算完了，据说雪人见了女孩子就抢，抢回去给他们当压寨夫人，供它们糟蹋。"

女孩说："可是，那家伙并没理我，它从我身边过去，直奔牦牛。真是一物降一物，平时凶悍威猛的牦牛在那家伙面前一点神气劲儿都没有了，剩下的只有紧张，我看它都有点哆嗦。雪人并没因为它哆嗦、驯服就放过它，而是扑过去，照着它的脖子下面就是一口。

血直往外喷。雪人用嘴堵住了咬开的口子，咕咚咕咚地往肚子里吸着血。看着那家伙这副凶相，我被吓瘫了，萎缩在地上起不来。我想，它喝完了牦牛血，就该来对付我了，我只有等死。雪人猛吸了一阵后，可能是牦牛血管里的血被它吸得差不多了，就站起身来。也许它还觉得没过瘾，就抢起大手，照着牦牛的脑袋劈去。这家伙也不知道有多大的劲儿，只这一掌，就把牦牛的脑袋劈碎了，脑浆子都被劈了出来。我想我可能一分钟的活头儿都没有。它转过身来，瞅了瞅我，我也瞅着它。它满嘴是血，脸上身上也有血，样子真吓人。出乎我意料的是，它没奔我来，而是转过身去，朝着山上的树林走去。"

这个目击者的叙述似乎证实了雪人确实存在。但这个叙述是否属实，还需要进一步的验证。

阿尔玛雪人之谜

◉ ◉ ◉ ◉ ◉ ◉

如果法国和俄罗斯联合探险队在哈萨克偏僻的高加索山脉成功捕获了一个传说中的喜马拉雅山雪人的兄弟——俄罗斯阿尔玛雪人的话，将挑战全球的关注。

这个探险队的领队是73岁的玛丽珍妮·科夫曼博士，她在过去20年里曾骑车或乘吉普车到荒无人烟的卡巴尔达—巴尔卡尔荒原，收集了500个神话般目睹阿尔玛雪人的叙述。她得到的印象是阿尔玛雪人的脚印巨大。此外，她还研究了阿尔玛雪人的大量粪便。

科夫曼博士的同事格雷戈里·潘琴科夫声称，这为他在卡巴尔达—巴尔卡尔地区看到一个阿尔玛雪人的努力增添了新的动力。于是，由法国资助组成联合探险队，寻找阿尔玛雪人。这支探险队的名

称叫"阿尔玛92探险队"。

阿尔玛92探险队的组织者潘琴科夫说，这种雪人在外表上和其他人看到的非常相似。它是一个两足动物，行走完全靠两只脚，身高在170～198厘米之间，头顶上长着一些约15厘米长的微红色毛发。面部既像类人猿，又像尼安德特人。它必须转动整个身体，才能转动脑袋。

潘琴科夫在拴马的圈里发现过阿尔玛雪人，好像马对阿尔玛雪人很有吸引力。遗憾的是，潘琴科夫当时没有带相机。

据科夫曼博士说，阿尔玛雪人习惯于突袭牧人的小屋，寻找食物和衣服。它们有时还穿着偷抢来的衣服。这种明显的学习人类的行为，说明了1988年到西藏寻找雪人的探险队员克里斯博·宁顿的两根

滑雪杖神秘失踪的原因。

据当地的农民目击者称，阿尔玛雪人体重超过200千克，但行走如飞，每小时能奔跑64千米。1991年，一名目击者说，新生的小雪人很像人类的婴孩，除了个头较小之外，小雪人像小孩一样长着一身桃红色皮肤，有同样的脑袋、胳膊和腿，但没有头发。阿尔玛雪人生活在海拔2400米以上的高原，它有时会下山来掠夺农作物，有时到会海拔更高的地方去避难。

联想到中国湖北境内神农架山区出现的野人，同样可以看出野人并不怕冷这样一种生存特征。海拔高度的突出变化，会在陡坡上产生一种包括热带到寒冷的连续的植物群，猛烈的季候风使山腰终年云遮雾绕，像树、木兰、山杜鹃、枞、赤杨、山毛榉等繁茂的密林，无数大型哺乳动物都享受这一优厚的条件而保持一个相当大的群体。

野人现在就是在这样神秘的环境中，利用大高山从上到下各部分的气温不同，和老天爷打游击战。在中国境内，1980年初的一天，神农架野考队员黎国华就是在高山雪地发现野人脚印，在跟踪中亲眼见到了一个7尺高的棕红色毛野人。类似在高山地带寻找到野人脚印的例子很多，表明野人能耐高寒。

中国湖北省一位对野人生活习性颇有研究的文化干部说，依照生物学排外竞争的原则，当两种生态相似的动物在同一地区并存时，其中具有选择性优点的一方必然会取代另一方。居于劣势的一方必然被迫迁徙，或者自我灭绝。在冰河时代的中期，人类已掌握了火，并广泛使用石、骨、木制的工具，就具有了强有力的生存竞争能力。而巨猿在日趋恶劣的生存环境中，为了减少人类社会的威胁，巨猿不得不改变生活方式去寻找新的居所，如喜马拉雅山较高的地区。我们可以据此推断：神农架野人也迁徙到了高山丛林。

这位文化干部说，神农架野人并不惧怕寒冷。野人在被逼向高山后，从心理到生理上对高寒产生适应。野考队员在从野人擦痒的栗树皮上得到的毛发中发现，除硬的长毛外，野人也贴肉覆盖着一层密细软厚的绒毛。这便是一件最轻便最暖和的皮袄了。

为了便于考察，阿尔玛92探险队配备了价值100万美元的装备，其中包括红外照相机、小型直升机、悬挂式滑翔机、四轮汽车、机动脚踏车等，最主要的装备是一支能发射皮下镖的枪。

科夫曼博士说："我们的目标是在当地人的帮助下，捕捉阿尔玛雪人。我们希望取得阿尔玛雪人脸部模型、头发、皮肤和血液标本，所有这些都具有很高的科学价值。

取得标本后，我们会给它戴一个无线电示踪频带装置，予以释放。"

没有消息表明，阿尔玛92探险队取得了突破性的成果，尽管该探险队拥有的野考设备是一流的，但在邂逅"雪人"的概率上，绝对不会比中国神农架"野考"更好些。邂逅"野人"从某种意义上说是可遇而不可求的"运气"。除了当地人中无法确定的某些人，见到它们并不容易，"无功而返"因而也就毫不见怪了。

人体自燃之谜

人体自燃是指一个人的身体未与外界火种接触而自动着火燃烧，这种现象有丰富的历史记载。有些受害人只是轻微灼伤，有些人则是化为灰烬。最奇怪的是，受害人所坐的椅子、所睡的床，甚至所穿的衣服，有时竟然没有烧毁。更有甚者，有些人虽然全身烧焦，但一只脚、一条腿或一些指头依然完好无损。

人体自燃的事例最早见于17世纪的医学报告，到了20世纪，有关文献有了更详尽的记载。其间发生的事例多达200余宗。

初时一般认为，这种厄运大多降临在那些酗酒、肥胖和独居的妇女身上。她们几乎全在冬天晚上自燃，尸体在燃烧的火炉旁边。不用说，出事时并无证人在场。据当时的见解，这是上帝的惩罚。

现代科学界和医学界都否定人体自燃的说法。虽然有人曾经提出一些理论但目前还没有合理的生理学论据，来说明人体是如何自燃，如何化为灰烬的，因为要把人体的组织和骨骼全部烧毁，只有在温度超过华氏3000度的高压火葬场才有可能。至于烧焦了的尸体上有未损坏的衣物或皮肉完整的残肢，那就更神秘莫测了。

最早有充分证据的人体自燃事件之一，是巴托林于1673年所记录的，巴黎一个贫苦妇人神秘地被火烧死。那妇人嗜饮烈酒，酒瘾之深，达到三年不吃任何食物的程度。有一天晚上，她上床睡觉后，夜里即自燃而死。次日早上，只有她的头部和手指头遗留下来，身体其余部分均烧成灰烬。报道此事的人是法国人雷尔，他于1800年发表了第一篇关于人体自燃的论文。

关于人体离奇自燃的一项异常生动详细的报道，是由一位名叫李加特的人提供的。李加特是法国莱姆斯区一名实习医生，事发时他住在当地一家小旅馆里。旅馆老板米勒有一个絮聒不休的太太，每天都喝到酩酊大醉。1725年2月19日晚上，由于很多人前来参加次日的盛大交易会，旅馆全部住满了客人。米勒和妻子很早便上床休息了。米勒太太不能入睡，独自下楼了。她平时常到厨房点燃的火炉前喝到烂醉。这时米勒已进入梦乡，但到凌晨两点钟左右，突然惊醒。他嗅到烟熏的气味，连忙跑到楼下，沿途拍门把客人叫醒，张皇失措地往楼下走去。当走到大厨房时，看到着火焚烧的并非是厨房，而是米勒太太。她躺在火炉附近，全身几乎烧光了，只余下部分头颅、四肢末段和几根脊骨。除了尸体下面的地板和她所坐的椅子略有烧痕外，厨房里其余物品丝毫未损。

这时一名警官和两名宪兵恰好在附近巡逻，听见旅馆中人声鼎沸，于是入内探询。他们看见米勒太太冒烟的尸体后，立即把米勒逮捕，怀疑他是凶手。镇上的人早已知道米勒太太不但是个酒鬼，而且是个泼妇。因此怀疑备受困扰的米勒蓄意把妻子杀死，以便和旅馆一名女仆人双宿双飞。控方指证米勒在妻子喝醉后把酒瓶里余下的烈酒倒在她身上，然后放火烧她，事后设法布局，使人相信这是一宗意外。

那位青年医生李加特在事发时也跑到楼下，亲眼看到米勒太太烧焦的尸体。他在审讯过程中为米勒作证，说受害人的身体全部烧光，却留下头颅和四肢末段，而附近物体也丝毫没有波及，这显然并非人为因素造成。法庭上的辩论非常激烈，控方坚称米勒是杀人凶手。米勒被裁定罪名成立，判处死刑。然而李加特仍不断陈辞，指出这件事绝不可能是普通的纵火杀人案，而是"上帝的惩罚"。结果，法庭撤销判决，宣布米勒无罪释放。然而，可怜的米勒也就此断送了一生。他经过那次打击后，精神极度颓丧，从此在医院里度过余生。

英国南安普敦附近一个乡村发生的一场怪火，夺去了基利夫妇的性命。1905年2月26日早上，邻居听见基利家中传出尖叫声，进去时即发现屋内已经着火。

基利先生躺在地上，已经完全化为灰烬。基利太太则坐在安乐椅上，"虽已烧成黑炭，但仍可辨认"。警方发现屋内有张桌子翻倒于地，油灯也掉在地上，但他们不明白一盏油灯怎能造成这场灾害。最奇怪的是，基利太太所坐的安乐椅竟然没有烧坏。

1907年，印度狄纳波附近曼那村的两名巡警发现一具烧焦的妇人尸体。他们把这具衣服无损但仍然在冒烟的尸体送到地方法官那里。据巡警说，发现尸体时房间里并无失火的迹象。

英国布莱斯附近的怀特利湾有一对姓迪尤尔的姐妹，是退休的学校教员。姐姐名叫玛格丽特，妹妹名叫威廉明娜。1908年3月22日晚上，玛格丽特跑到邻居家中，慌张地诉说妹妹已经烧死。邻居进入她家里查看，发现威廉明娜烧焦的尸体躺在床上。床和被褥并无火烧的痕迹，屋内各处也没有失火迹象。

在死因侦讯中，玛格丽特一再发誓说发现妹妹尸体躺在床上的情形，正如邻居所见一样。但验尸官认为睡床安然无损，而躺在其上的人竟烧成灰烬，简直荒谬绝伦。他斥责玛格丽特撒谎，声言要起诉她，并在死因侦讯期间暂时押候。

邻居和舆论都不相信玛格丽特的供辞，玛格丽特备受压力，在重新开庭侦讯时承认作伪证。她说自己实际上是在家里楼下看见威廉明娜身体着火，她把火扑熄后，便扶妹妹上了楼，安置在床上，但不久妹妹便死去了。

虽然楼下也没有起火迹象，可是验尸官认为这个说法比玛格丽特原来的口供合理一些。

验尸官宣布裁定威廉明娜的死因是"意外烧死"。不过，他事后说，这宗案件是他历来侦查过的最奇特的案件之一。

在一宗人体自燃事件中，受害者不止一人，而有6个。以下是1976年12月27日《尼日利亚先驱报》有关该次事件的报道：

拉歌斯市一户7口之家，发生一起6个成员烧死的事件……目前已成为最难解答的谜团。

据昨日的现场调查显示，该木房子中一切物件完好无损，甚至两床棉褥也仍然整齐地铺在两张铁架床上……

这场烧死6个人的大火对整个房间似乎无损……但从死者被焚的严重情况看来，房中物件，包括木墙和屋顶的铁皮，本应荡然无存。

虽然较早时传说，有人乘那家人睡熟时，从窗口泼进汽油，然后点火焚烧，但昨日的调查已证明此种说法不确切。

人体自燃的现象并不为20世纪科学界所承认，既未被列入世界卫生组织编订的"国际疾病分类法"中，也不是美国或国立医学图书馆生物学与医学图书索引的一个条目。尽管警察、消防员、纵火案专家、验尸官和病理学家提出不少证据，但大多数医生和科学家仍然认为那些看来不容争辩的事例未经彻底调查。

不过，并非历代人都抱有这种怀疑态度。17世纪和18世纪时，

人体自燃现象，特别是发生于酒徒身上的事例，一般被视作上帝的惩罚。到了19世纪，由于生物学与化学的进步，研究人员得以从非宗教的角度找寻这些自燃现象的成因。他们提出了更多可能性，包括以下列举的一种或多种的结合：

肠内的气体容易燃烧；

尸体产生易燃气体；

干草堆及肥料堆产生的热力，足以引起自燃；

某些元素或混合物一旦暴露于空气中就会自动着火，如人体元素之一的磷；

有些化学品本身并不活跃，但与其他物品混合时会引起爆炸；

某些昆虫和鱼类发光表示可能有内火；

人体内所含的大量脂肪是极佳的燃料；

静电产生火花，在某种情况下可能引起人体着火。

然而，越来越多的事实证明上述各种假设都不是人体自燃的真正成因。1851年时，一位德国化学家已经指出，喝了大量白兰地酒的人即使接近火也不会着火。其后在

19世纪末期，几位医生曾声称不明白水分含量多而脂肪含量相当少的人体为什么会着火。1905年4月22日，《美国医学》杂志对相信人体自燃的人予以迎头痛击，指出"在全部发表过的人体自燃事件中，几乎半数来自法国这个神经过敏的国家"。

为了验证酒精可使人体变成高度易燃的说法，科学家先把老鼠放在酒精中浸一年，然后点火焚烧。结果，老鼠的外皮腾起烈火，皮下外层肌肉也烧焦，但内部组织及器官则安然无损。后来他们又用在酒精中浸了更长时间的博物馆标本作试验，结果也是一样。

消化系统产生的易燃气体的确可能在人体聚积，造成危险。英国有位牧师便受到警告，不敢吹熄圣坛的蜡烛，以免呼出的气体着火。

静电也可能是一个原因。据美国防火协会的防火手册说，人体聚积的静电负荷达数千伏电力可通过头发放出，一般不会造成伤害，但在某些特殊情形下，例如在制造易燃制品的工厂或使用气体麻醉剂的医院手术室中，这种人就可能引起爆炸，但从没有人烧成灰烬而设备无损的先例。

此外，还有人提出其他的自燃因素，其中包括流星、闪电、体内原子爆炸、激光束、微波辐射、高频音响等等，但这些因素如何发挥作用，则至今天未有解释。总之，人体自燃现象直至目前为止仍然是一个谜。

8次遭受雷电追击之谜

◉ ◉ ◉ ◉ ◉ ◉ ◉ ◉ ◉ ◉ ◉

他是美国弗吉尼亚州申纳当亚国家公园的管理人，他也是你见过的人中最不寻常的人之一。为什么这样说呢？

当然这是因为在他身上发生过8次不寻常的事情。

第一次，是当他在一间宽大而空旷的屋里坐着的时候发生的。"我就是在这间房子里。"他说，"就是坐在这张椅子上。它一定是透过屋顶跑进来的，它把我和椅子及一切东西都打翻了。"

第二次，他走在一条小河边，周围是一片草地，再过去便是密林。"我独自在这里散步，天啊，它正是从我的臀部跑进来，又从我的大拇指跑出去的。"

第三次，他坐在一块石头上钓鱼，"那该死的东西跟了上来，击在我头上，我掉进小河里。"

第四次，他是在森林中散步。"我沿着这条小径走，蓦地，它从后面向我袭来，击在我的右肩上，使我倒在地上。"

第五次，他在他的拖车旁边。"它来的时候，我刚刚走出拖车，它击向我的肩膀，把我重重地打倒在地。"

第六次，"我正在路上驾着车，它透过窗门跑进来，击向我头部的右边，我因此失去了知觉。"

第七次和第八次又怎样呢？"我只是站着，它向我袭来。我像被提起，离开了地面。另一次，它把我右脚的鞋子也撞掉了！"

屡屡袭击这位公园管理人的是什么东西呢？一个巨人？还是一只熊？不！

"我是给电击了8次！"公园管理人罗伊·苏里范说。

一个问题立即在听者脑海里出现。可能每一个人在听了他讲述的这个不可思议的故事之后，都会向他提出同样的问题，因此他会扼要地回答。这个问题是每一个人都想问的：感觉上，晃如遭电击一般？"每一次都热得很厉害。"罗伊答道。

恐怕每一个人都会因为触摸插头——或许是110伏，或许是220伏——那会使你轻微震动，但如果给自然电轰击，"可能是数千倍的灼热"。

为什么自然电在需要击打一个地方的时候便会找寻他呢？对这个问题，罗伊·苏里范无法解释。显然，目前科学也无法作出明确的解释。因此，罗伊简单地说："或许在我的体内有吸引自然电的一种化学药品或金属吧！"

可能真是这样！亲眼所见使你不能不信。要是遭雷击，大多数人都会因此而严重受伤，甚至死亡。遭电击8次！说来容易，问题是：罗伊仍然活着。罗伊曾经被要求提出证明，以支持他的说法，他乐于

这样做。事实上，当他把他的帽子和手表拿出来的时候，便把不少人脸上的疑云都扫光了。

那帽子并没有什么特别之处。但当他把帽子轻轻地转过来的时候，便可以看见一个洞，洞边有刺孔，而刺孔的周围是一些被烧过的、被烟玷污的物质。"这是在第6次时发生的。"他说，"那闪电奔下来，击在我的头上，我的帽子被摔掉了。它延续至我的右方，并烧着了我的内衣裤。然后它把我抬起来，把右脚上的鞋打掉了，并使我的袜子烧起来。我快给烧焦了！"

另外几次，他的内衣裤也同样给烧着了。使他稍微感到沮丧的是：那内衣裤给烧得太厉害了，无法用来做证物。然而，他有另一件物证，那就是他的手表。

说到他的手表，就要回到1942年，那是罗伊首次遭电击的时候。"我的手表放在我的口袋里。"他说道，"我在电话线下面走着。那次袭来的闪电在这个表的边缘烧出了一个洞，然后在另一边跑掉。"

他把手表举起，上面有几个洞，每个洞内外都布满了烟焦，它

确实曾遭电击！罗伊摇动它，它发出微弱的"卡嗒"声。"这手表值98美元，它给毁坏了！"他珍爱地看着那只手表，犹如看着一位饱受伤害的朋友一般。"这是一块漂亮的手表，一块很好的手表。"那手表的指针不能再走动了，但罗伊·苏里范却安然无恙。

还有另外一个奇迹，那是罗伊无法解释的。他再次提到第6次电击。"我驾驶着一部政府的汽车，向前行驶着。我把每一个车窗的玻璃都降下约6英寸。闪电击向路右边的两棵树，又跳起来，透过车辆，击打我头部的右边。随后它继续穿透车子，击毁路左边的另一棵树。这三棵树都给毁掉了，而我却还活着。"

当罗伊说到这里的时候，人们可能会开玩笑，说罗伊·苏里范头里的某些东西比木头更厚。

罗伊不知道自己身上发生了什么事，并为此前思后想，但他始终不明白，为什么闪电老是跟在他的身边。

他已经确立了每当开始下雨时的标准工作程序。

"如果闪电、打雷，而我又在家，我们——我和我的家人——便进入室内，我让家人躲在起居室里，我则在饭厅里独坐。"

他这样做，是希望闪电在身边出现的时候，他的家人不会受到损伤。

自古相传，"第一次打雷的地方，就不会第二次打雷"。但是，美国的佩戴·乔·巴达松对此全然不信。因为她曾多次被雷缠身。她自幼头部就曾受过雷击，虽然她当时幸免于难，但从那以后，她的住宅受到了3次雷击，特别是1957年的第三次雷击，还把她的家烧得荡然无存。

佩戴长大以后，跟一位名叫亚尼斯特·巴达松的男士结了婚，婚后两人在美国密西西比州的乡镇温班·乍尔安家。这时雷神再度光临，3年内把他俩的家连续轰击了4次。有一次发生在他们家的一次落雷所产生的电光（雷雨时浮于空中的球形电光），使邻居也蒙受了灾难。

有一次雷击非常恐怖。当时巴达松夫妇正在庭院剥豆荚，突然狂风大作，雷雨交加，数分钟后，震耳欲聋的雷暴巨响，震撼了房屋，只见室内被雷击成一片焦黑。当他俩跑出走廊时，发现庭院的植物及抽水泵都有受到雷击的痕迹，家犬被击死了，受到雷击的地面，留下了一条一米深的长沟。

一个人一生中竟遭几次雷击，这可真是令人费解。有人说，佩戴身体内藏有导体，她是一个活的避雷针。也有人认为，在佩戴住宅的土地里，也许埋着某种金属或化学物质，可以导雷。但谁也无法证实自己的见解。

美国佐治亚大学气象学家毕尔·萨克林库否定了上述猜测。他指出，从物理学的角度看，能强力吸引雷暴落到自身周围的人是不存在的。巴达松夫妇居所集中落雷的原因，也许与当地的气候有关。他说："地处美国东南部的密西西比州，因气温及湿度都很高，所以雷雨极多，而巴达松夫妇家那里的气温、湿度高于当地的平均数，所以他们家受雷击的次数也远远高于当地的平均数。我看再没有别的原因了。"

那罗伊·苏里范8次被雷击的原因又是什么呢？这还是一个未解之谜。

翼人之谜

◉　◉　◉　◉

1966年11月15日深夜，美国的两对青年夫妇驾车经过西弗吉尼亚州快活角附近的一座已废弃的TNT炸药工厂时，看到了两只大大的眼睛，每只都有2英寸大，两眼相距6英寸，"附"在一个形似人体的东西上面。但这东西比人体要大，有6～7英尺高。还有一对大翅膀折在背上。目击者们都承认，这双眼睛具有催眠作用。当这只动物开始移动后，4个被吓坏了的人立即加速逃跑。但他们在道路附近的一个山坡上又看见了同一个或类似的动物。它展开像蝙蝠那样的双翼，升到空中跟着这辆车，这时的车速是每小时100英里。

目击者之一的罗杰·斯卡伯里对调查人员约翰·基尔说："这只鸟一直跟着我们，它甚至都不用扇动翅膀。"目击者们对当地副治安官米勒德·霍尔斯特德说，它发出的声音就像高速放音时所发出的那种耗子般的尖叫声。它在62号公路上一直跟着他们直到快活角城。

这两对夫妇并不是那天晚上唯一看到这只动物的人。另外一个4人组声称不只是一次，而是3次看到过它！那天晚上的第3次目击案发生在10点30分。当时，家住西弗吉尼亚萨利姆郊外（距快活角约90千米）的建筑工人内维尔·帕特里奇正在看电视。突然屏幕上一片空白，然后"一个人形物出现在屏幕上，同时电视机里传出噬噬的声音，音量不断加大，大到最后突然停止了"。帕特里奇的狗班迪在门廊中狂吠，甚至在电视被关掉后仍不停地叫。

帕特里奇走了出去，看到班迪正朝向150码外的草料仓大叫。"我于是打开手电筒向那个方向照去，"他对西弗吉尼亚作家格雷·巴克叙述，"看到了两只红色的眼睛，就像是自行车的后反光镜，但要比它大一些。"他肯定那不是动物的眼睛。

班迪是一条训练有素的猎狗，它咆哮着向这只动物冲了过去。帕特里奇叫它停下，但这条狗根本听不进去。他回到房中取枪后，感到还是呆在屋里为妙。夜里睡觉时他把枪放在身边。第二天早晨，他意识到班迪还没有回来。两天后，这条狗还不见踪影，这时帕特里奇从报纸上看到了快活角目击案的报道。

报道中透露的一个细节引起了他的注意，罗杰·斯卡伯里叙述说，当两夫妇即将进入快活角城前，曾经看到路边有一条大狗的尸体。几分钟后，在他们从城里返回的途中，发现那条狗的尸体又不见了。帕特里奇立即想到了班迪，他再也见不到它了。那条狗留下的只是在泥地中的脚印，他回忆说：

"这些脚印组成了一个圆圈，好像这条狗正在追逐自己的尾巴，但班迪从未有过这种举动。"此外就再没有其他任何脚印了。

两个目击案之间还有一个联系。副治安官霍尔斯特德开车到达那座TNT工厂时，他的那部警方无线电受到了奇怪的干扰，噪声很大，听起来像是高速回放录音带的那种声音。他最后不得不关掉了无线电。

第二天，治安官乔治·约翰逊召开了一个记者招待会，于是这个故事一下轰动了美国。一个新闻工作者以《蝙蝠侠》中那个坏蛋的名字"翼人莫斯曼"为这只怪兽命名。

自那时起到1967年11月间，又发生了一系列的目击案。

1966年11月16日晚，一男两女3个成年人（其中一个妇女抱着一个婴儿）从朋友家出来后走向自己的汽车。突然，他们看到一个什么东西从地面上慢慢地升到了空中。目击者之一的玛塞拉·贝内特女士受到了极大的惊吓，以至于怀中的婴儿都掉到了地上。那是一个

"巨大的灰色物体，比人大，但没有头"。而它的躯体上部却有两个大大的、发光的红圆圈。当它打开背上那对巨大的翅膀之际，雷蒙德·万姆斯里赶紧从地上抱起孩子，并把两名妇女领回他们刚刚离开的那所房子。那只动物跟踪他们一直到门廊前，因为他们可以听到那里传来的声音，更可怕的是，他们还看到那双红色的大眼睛正透过窗户盯着他们。当警察赶到时，怪物已经走了。随后的几个星期里，贝内特女士心中非常烦乱，像其他那些见到翼人的目击者一样，最后她不得不求助于医生。

翼人目击案的主要调查者约翰·基尔写道，至少有100个人曾见到过这种动物。他把那些目击案汇总在一起，得出了这种动物的大致形象。它站起来有5～7英尺高，比人的身体宽，两条腿像人，走起路来蠢笨缓慢。发出"吱吱"的声音，眼睛位于肩膀顶部，比它那巨大的身体看起来更为可怕。它的翅膀有些像蝙蝠，但在飞行中并不扇动它。当它离开地面升空时，就像一架直升机那样径直升了上去。目击者们描述它的肤色是灰色或褐色。两个目击者说，当它在他们头顶上飞行时，听到了一种机械的"嗡嗡"声。

1967年以后，除1974年10月在纽约州埃尔玛的一次目击报告外，翼人的目击案就再也没有过。但基尔访问过的一个妇女说，她曾于1961年的一个晚上，在西弗吉尼亚州俄亥俄河沿岸的一条公路上发现过一只这样的动物。她对基尔说："它比人要大得多，是一头灰色的大家伙。它站在公路中间，然后从背后打开了一对巨大的翅膀，翼展开后有路面那么宽。它看起来简直就像一架小型飞机。后来它径直升到空中，几秒后就从视野中消失了。"

人体生物钟之谜

◉　◉　◉　◉　◉　◉　◉

　　人体生物钟是人们长期规律生活养成的一种习惯，短时间内是建立不起来的。同样，人体生物钟一旦建立，也是很难被改变的。在研究人体生物钟方面，人们做了一个很典型的实验：让一个健康人在一个"不见天日"的地下室中，长时间与世隔绝地生活，而当人们询问其当时的时间时，那人的回答与准确时间几乎相差无几。因而人们认为，光线的明暗、气候的冷暖等，只是生物时间规律的外部条件；在人体内部还有一种类似于时钟的东西，它可以不依赖外部条件而自行运转，指挥着人体的正常生物活动，这就是人体的生物钟。

　　1904年，奥地利心理学家斯渥伯达在他的书中提到了这一问题。他认为，人体的生理、体能的变化

和疾病的产生有23天的周期性，人的心理变化有28天的周期性。无独有偶，一位德国科学家也提出了与之相类似的见解，他从所选择的病例中发现，人类的发病期和死亡期往往与23天的周期节律有关联。之后人们又发现人类的智力活动也同样存在着一个33天的周期，也就是说在33内，有一天人们的智力节律达到高潮，大脑思维、记忆力都处于最佳状态，随后逐渐下降，33天后又到达一个新的状态。目前，这种生理周期已被广泛地应用于体育竞技中，在比赛之前，教练员和心理医生会有计划地调整运动员的生物钟，使运动员在比赛时达到最佳竞技状态。

　　那么，是什么使人体产生了生命节律？控制生命节律的生物钟在

哪里？它是如何运转的？

有人认为，人体的生命节律是外源性的，是受某些复杂的宇宙信息控制的。人体对广泛的外界信息，如地磁变化、电场变化、光的变化以及月球引力等极为敏感，这些变化的周期性引起人体生命节律的周期性。也有人认为，生命节律是由人体自身内在的因素决定的，人即使在恒温、与世隔绝的地下，也可表现出正常的生命节律。还有人认为这种生命节律是由人体内的激素调节控制的。近年来，美国科学家又提出了一种新观点：生命节律的正常运转是由大脑内某些专门的神经元控制的，但是到目前为止这一观点也没有得到明确的证实。

人体生物钟之谜何时能被揭开，仍需要经过科学家们不断地研究和探索。生物钟之谜一旦被揭开，必将会极大地改变人类的生活。

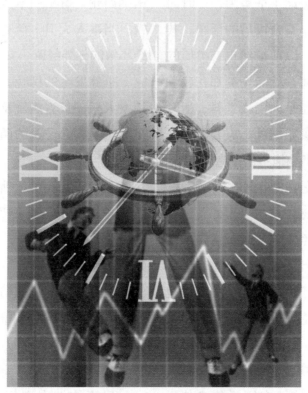

每个人身体里都似有个钟，不依赖外部条件自行运转

神秘失踪事件之谜

在美国，最早引起轩然大波的失踪事件，首推离奇的"兰克事件"。

这个事件发生于1880年9月23日的傍晚。轰动了全美国，一时间被许多人当作茶余饭后的话题。其原因应该是，以前虽然也有类似的谜一样的事件，然而毕竟那在我们这个世界上还是太出人意料，所以除了事件的关系之外，大众对那些事的看法多半是抱不信任态度。

"一定是哪里有问题！"

但是，这桩"兰克事件"就不同了，其关系人甚至包括法院的法官在内，而且还确实有目击者，因此非但警方不敢小看，新闻媒体也大肆渲染，它才会在美国引起极大的轰动。

再者，自从这桩"兰克事件"后，仍断断续续有同样的事件发生，所以这位"开山始祖"当然备受瞩目了。

事情是这样的。在美国东部的田纳西州，有个叫卡兰迪的乡间小镇。当事人大卫·兰克先生就在这个小镇的郊外经营一家大牧场。

事件发生的傍晚，兰克先生邀请友人——贝克法官及其妻子到家里共进晚餐，受邀的两人便乘着马车来到兰克家。

当时，站在大门前面的兰克听到马车声，便与妻子及12岁与8岁的儿子一同前往迎接。

"欢迎！欢迎！"

兰克先生一边热情地挥着手，一边向正从马车上走下的客人靠近。谁知，就在这一瞬间，兰克先生突然失去了踪影。

出事的地点刚好在马车的正

前方。

"咦？"

对于这突发的景象，在场的客人以兰克他的妻子无不瞠目结舌，惊讶莫名。

在夕阳斜照、光线明亮的院子里，好端端的一个人竟然就此烟消云散。

"兰克先生！兰克先生！"

"爸！爸！你跑到哪里去了？"

贝克法官与孩子们大声地呼喊，可是却是一点回音也没有。这桩离奇事件就像噩梦一般。

当然，兰克是不可能进到马车里，而且即使他走进去，从外面也能一目了然。

"怎么会有这么不可思议的事？"

贝克法官除了吃惊之外，更有说不出的懊恼。

从庭院到牧场，尽是一片宽广草原，根本没有可藏身的地方。兰克的妻子一时受到过度刺激，失去理智。

接获报案飞奔而至的警方人员，对于此事件刚开始也是左思右想，多有怀疑。不过，不管怎么

说，堂堂一名法院的法官也是目击者啊！

刑警们开始将整栋建筑物的里里外外做彻底搜查，更动用了猎犬到处搜索，可是始终没有发现兰克先生的踪影。

美国当地的报纸，几乎有一整月的时间，都是以"兰克消失事件"为题而大做文章，事件所引起的骚动遍及全美各地。然而，整个事件终究还是像陷入雾中一样，一直没有水落石出。

之后，经过数月，兰克先生的儿子来到父亲消失的马车之前，忽然听到一阵奇怪的声音。

"我好苦啊！好苦啊！"

于是警方一度紧张起来，不过最后还是像谜一般无法解开。

总之，一个堂堂大男人在大白天，而且当着5个人的面，没有留下任何遗物而就此消失的事实，即使是多么厉害的刑警也难以下判断。

有关这个事件的传闻，也很快传到欧洲。没想到来自欧洲的回应却是：

"这样的事件在我们这里也曾

发生过。"

这项报告再度让美国人大吃一惊。

发生在欧洲的事件是这样的：

一名英国驻奥地利首都维也纳的大使班杰明·巴沙斯特，因为公事必须回伦敦一趟。当时，大使正走出官邸的大门，乘上停靠在一旁的马车，然而就在他的脚刚跨上去的瞬间，突然就消失了身影。

一些前来送行的官员，异口同声地说：

"大使的身影就当着我们众人的面，如烟雾般的消失无踪了。"

至于后来到底该怎么办，在场的人就全然不知了。

就像这样，连贵为代表一国的公使，都莫名其妙地失去了踪影，这不可能是开玩笑的。

事件发生后，维也纳的警政署出动所有的警官与刑警，做了一次地毯式的大搜查。可是，却再也没人看见过巴沙斯特大使的身影。

"兰克事件"之后的第10年，刚好是1890年的圣诞节傍晚，美国又发生了第二桩人类消失事件。那就是"奥立佛·李奇事件"。

同样，这在美国再次引起震撼。

地点是在田纳西州的北部，即伊利诺伊州的南贝特市附近。

这次消失的是李奇家中的次子——当时年方20岁的奥立佛。而且，奥立佛消失的情况相当富有戏剧性，连局外人都感到不寒而栗。

当天，李奇家邀请了二十余名亲友，享用一顿丰盛而热闹的圣诞大餐。

当时，在美国，像这样的乡下人家还没有装设自来水，家庭用水都是取自于庭院的水井。

晚餐过后，客人都回到客厅闲话家常。

正在厨房忙着清理膳后的李奇太太，发现储水槽里没水了，便唤来次子奥立佛，对他说：

"你去提一些水回来。"

奥立佛拎起水桶便往外走。

然后，大约过了两三分钟，外面突然传来一阵刺耳的哀叫声。

"救救我！救救我！快抓住！救我！"

宾客们都被这突如其来的呼救声震慑住，大伙儿纷纷朝传来声音的院子奔去，可是，那里已经没有奥立佛的影子了。

从厨房的门到水井之间，可以清楚看到雪地上的脚印只到了庭院中间就戛然停止。当然，这证明奥立佛尚未走到水井，也不可能跌落水井而死。

然而，就在人们的上方，依然传来"救命！救命！"的呼救声。

大家把头往上仰，可是在微暗的空中，却什么也没看见。

偌大的子院里，就只剩下一个滚落在地的水桶。

叫声忽远忽近，有一段时间似乎是从空中传来，不过不久之后，又归于寂静。

年轻男孩奥立佛·李奇就这样从世界上消失了。

至于在场的二十多人所听到的来自空中的奥立佛叫声，到底又代表什么意思呢？

1956年5月10日，在美国奥克拉荷马州一个欧达斯的小镇，也发生了不可思议的事情。

奥克拉荷马州是位于曾因"李奇事件"而名噪一时的伊利诺州之西部，至于为什么总是在这附近的

几个州接二连三地发生怪事，这也是一个谜。

这天，一名8岁的小孩吉米，与同伴凯恩和汤姆3个人正在玩"投环牛仔"游戏。这是美国小孩经常玩的游戏之一。汤姆扮演一个恶汉，绑住老实的农夫凯恩，带往自己的村里。就在途中，投环的牛仔——吉米出现了，他准确地把环绳投在恶汉汤姆的身上，拯救了农夫。整个游戏的过程就是如此。

一切准备妥当后，吉米便爬上附近牧师家的篱笆，躲起来等候。不久，汤姆抓着凯恩经过这里。

"你这个恶汉！"吉米叫了一声，以汤姆为目标纵身跃下。可是，吉米的脚还没碰到地面，他的整个身影就不见了。

汤姆与凯恩当场愣住。

"吉米！吉米！"

"你跑到哪里去了？"

尽管同伴们大声呼喊，吉米的身影却再也没有出现过。

到了晚上，吉米的母亲发现孩子还没有回来，便开始着急起来。当她询问与吉米一块玩耍的汤姆与凯恩时，所得到的答案简直是扑朔

迷离，对于吉米的行踪则全然无法交代。

然而，很意外的是，这个事件竟然还有一名目击者。

那是牧师的女儿——爱米莉。爱米莉由于身体情况不佳，长期卧病在床。

事发当天下午，爱米莉刚好来到房间的窗户旁透气，无意间看到了男孩们的游戏。爱米莉以充满疑惑的神情表示：

"吉米是在从篱笆往下跳的同时，消失无踪的。"

对于三个孩子的话，警方与大人都难以相信。

于是这个失踪事件便被当成恶意的"绑票事件"处理。而且从州警察乃至于联邦警察，都出动进行全面地搜索。不过，却是一点蛛丝马迹也没有。

正当警方打算放弃之时，唯一不绝望的是吉米的母亲。

"那孩子一定会回来的！"

吉米的母亲深信孩子不会无故消失，因此不管刮风下雨，她每天都到吉米失踪处一直苦苦等候。

就这样，大约过了一个月后，吉米的母亲也突然消失了。

不仅如此，不可思议的事还继续上演。

那是发生在吉米的母亲消失数日后的事。爱米莉的父亲——马洛牧师听到女儿的房间传来不寻常的叫声，于是急忙飞奔过去。

当时，爱米莉一边颤抖一边用手指向窗外的某处，那是吉米与母亲消失的篱笆旁边。

"啊！那是什么？"

马洛牧师不由得大声喊叫。牧师所见到的，正是某种黑影在瞬间消失了。

"我认为那个黑影确实是人类。但是他似乎被吸进某个裂缝般突然消失了踪影。我只能用不可思议来形容。"

牧师对于当时的情形做如此描述。

至于吉米与母亲，又是消失至何处呢？这件事至今仍是一个谜。

部落失踪之谜

◉ ◉ ◉ ◉ ◉ ◉ ◉

事件发生在1939年的8月，也就是第二次世界大战即将爆发之前，地点是在阿拉伯半岛西南端、红海入口的英国保护地——亚丁港。

亚丁港在战后便独立成为"也门人民民主共和国"。事件发生之时还是由英国统治，因此有英军驻守在当地，而发生问题的，是四周环绕着沙漠的部落——拉达。

那里的夏天，平均温度高达45摄氏度（相当于华氏115度），其酷热程度可见一斑。

在这种酷热的天气下，拉达部落的四周仍然长有枣树，驻守在附近的英国航空部队的士兵们，也经常来到这里购买枣子等物。

这里虽然土地炽热，但是有些地方还会涌出泉水，形成草木丛生的绿洲，因此绿洲的四周才会形成部落。

拉达部落北方约2英里（相当于320米）的地方也有水源，这里便形成另一个叫巴尔的部落。

另外，其南方约10英里处，还有一个叫库阿鲁孙·伊文阿德宛的大型部落。

而在这些部落间往来，必须穿过岩石，经由唯一的一条通道连络。

不过，只要一失足，就会跌到旁边滚烫的沙漠里。因此，这里几乎是人迹罕至。

俗语说："天有不测风云。"果真，拉达部落就发生了变故，因为在一瞬间，整个部落的居民全部都消失了，无一幸免。

据发现离奇事件的英国士兵报告，最不可思议的是该部落的人家里，每户家中的家具都维持原样。

此外，有些家里的餐桌上，还留有刚准备好而未动用的饭菜。

由此看来，拉达的居民也不像是移往南、北部落去。即使他们真的是穿越沙漠，那也应该会被不断在空中巡逻飞行的英国军机发现才对。

为什么整个拉达部落的人会毫无理由地消失呢？难道是蒸发了吗？

就像住在炎热沙漠中的族群一样，住在寒带地方的爱斯基摩人部落也发生过"消失事件"。

这个离奇事件被发现于1930年的12月初。

地点是在距离加拿大北方蒙第连络基地约有800千米的安吉克尼湖附近，出事者为住在这里的三十余名爱斯基摩人。

这一带均为酷寒的冻土地带，和阿拉伯半岛的拉达部落之酷热相比，简直有天壤之别。

发现安吉克尼出事的，是之前就与这里的爱斯基摩人熟悉的猎人——约翰·拉斐尔。

那一天，他又如往常一样站在部落的入口大声喊叫，可是却没有人回应。约翰倍感纳闷，便走近最前面的小屋，打开海豹皮做的大门，又叫了几声。

然而同样没有人回答。

约翰仔细查看了小屋，发现空无一人。接着，他又挨家挨户地敲门、打开小屋，依然不见半个人影。

令他觉得不可思议的是，其中一间小屋的炉子上还放着锅。掀开锅盖一看，里面一些已煮熟的食物已经结冻而无法取出。

而在另一间小屋则放着一件正在缝制的海豹皮上衣，不过似乎只缝到一半，因为以动物牙做成的针依然刺在衣服上面。

由此看来，他们一定是在相当慌张的情况下，夺门而出的。

加拿大西北部的警局在接到约翰·拉斐尔的报案后，立即出动了一队人马前往查看。并且在约翰·拉斐尔的指引下，巨细靡遗地清查了每一间小屋的里里外外，可是却犹如陷入云里雾中，毫无头绪。

尤其是每一间小屋的步枪都原封不动地摆在原处，这才是问题所在。

因为对爱斯基摩人来说，步枪犹如第二生命。他们应该不可能不带步枪就去长途旅行的。

"说不定整个部落的人，是因为某种理由而集体发疯了！"

不过各个小屋的内外都井然有序、毫无乱象。

而对爱斯基摩人来说，仅次于步枪之重要性的，要算是狗了。然而，有7只狗却被发现集体死在距离部落约100米左右的灌木林中。依据兽医的鉴定，这些狗都是饿死的。

另外，还有一点也令人深思不解。就是墓碑被铲除，埋葬的遗体也遭到移动。而且，那些墓碑还被堆积成两个石冢。据说爱斯基摩人对死者非常尊重，像揭开墓碑之类的事是绝不会发生的。

在这附近，除了人类之外，应该没有其他动物足以移开墓碑又把它们堆积起来。

由于单靠警方的力量无法做充分的调查，因此也请来专家协助。

经过两周的详细调查，结果推定：

"安吉克尼湖畔的爱斯基摩人，是早在猎人约翰·拉斐尔发现前的两个月就已消失了。"

不过，这个"推定"也是个问题。因为"推定"并不代表真相，只是依据想象下的结论。

那些专家是凭着锅中残存的树果的状态而作判断的。

总之，那些爱斯基摩人是基于什么样的理由而消失的，并没有人知道。不过可以确定的是，在这个离奇事件发生之前，他们仍照着日常的作息生活。

搜索队为了慎重起见，调查的足迹踏遍了广大的冻土地带。不过，三十多名爱斯基摩人，还是没有一个人有下落。

无疼痛感之谜

疼痛对我们每个人来说并不陌生，当手一不小心被夹住时，你会情不自禁地喊道："哎哟，我的手好痛！"甚至还会尖叫一声。然而，世界上竟有这样的怪事，有些人竟感觉不到疼痛，而且据统计，目前世界上已发现几十个这样的人。

由生物学上可知，痛感只是皮肤众多感觉中的一种。其产生的机理是：一旦皮下游离神经末梢受到某种外来刺激时，便产生兴奋，然后通过生物信号的形式传入大脑皮层，引起痛感。最近的医学研究表明，中枢神经系统的许多组织都和痛感有关，而且大脑皮层对痛感具有调节作用。一旦刺激超过一定强度时，大脑皮层就会对这种刺激做出反应。这时人也往往会表现出某种疼痛症状，如呼吸暂停或加快、出汗和尖叫等。

有些人却例外。据报道，英国伦敦有一对夫妇，刚结婚没多久，生下了一个可爱的男孩，名叫保罗。保罗看起来与其他孩子并没有什么不同。可在他6个月大的时候，有一次父亲不小心踩了他的腿，他竟然无任何反应。当时他父母很惊讶，于是故意打他一下，看他有没有反应，可他却嘻嘻地笑。到了10个月大时，父母发现保罗的下腹出现了一个很大的红色肿块，便带他去看医生。医生说，这是严重的尿路感染症状，于是就用十多支针分别插入他的手、脚和头部的敏感部位，来给他治疗，他却毫不在意，甚至还冲着医生笑。当时这种现象连医生也很吃惊。后来发现，保罗居然是天生就没有痛感。

更奇怪的是，保罗的两个妹妹居然也没有痛感。虽然没有痛感在某些情况下是件好事，但这还是使得他们的父母十分担心，因为孩子没有痛感，就会对危险失去应有的警惕，一不小心就会跌伤、烫伤或被什么东西碰伤。

无独有偶，在加拿大有个女医生，她生来也没有痛感。不仅割破皮肤她不知道痛，就是电震、刺针，也一点不觉得疼痛，甚至连动手术，她也不用打麻药。

这种现象的出现，一度使得医学界争论不休，甚至有些人开始对神经医学产生了怀疑，究竟如何解释这种现象呢？医学界现在还无法达成一致的意见，有人认为，这些人没有痛感神经；有人认为，这些人可以像针刺麻醉那样关闭自己的痛觉反应。可是这种现象的机制是什么，却至今没有一个令人信服的解释。

绞不死之谜

◉　◉　◉　◉　◉

1894年2月7日，在大洋彼岸的美国，年轻的珀维斯被推上绞刑架，他被判处绞刑的罪名是谋杀密西西比州哥伦比亚市的一个农夫。此刻，极度绝望又倍感冤屈的珀维斯就站在绞架跟前，只要活门板一拉开，珀维斯马上要气绝身亡。不料意外发生了，活门板打开后，绞索竟然松解滑脱。珀维斯惊恐不安地从绞刑架下爬了出来，他仅仅受了一点皮肉之苦。

虽然这一次他没死掉，但刑法已定，他还是要受绞刑的。当执法人员再次又要把他推上绞刑架执行绞刑时，亲眼目睹了这一奇迹发生的三千多名群众大声制止，都说这个人不该死，并且至高无上的裁判已恩赐他缓刑。

刑场的气氛骤然间发生了巨变，本来围观的群众这时却大声地喊叫着歌颂上帝，还把珀维斯视为英雄。执法警官的情绪似乎也被这热烈、虔诚的场面所感染，他进退两难，只得又把犯人送回了牢房。

这件事发生后不久，珀维斯的律师向密西西比州最高法院几次上诉但都被驳回。新的刑期定为1895年12月12日。也许是有了上一次的奇迹，珀维斯对自己能活下去有了强烈的信心，他的朋友们也都向他伸出了援助之手。就在临刑前几天，珀维斯的朋友劫狱成功，并把他匿藏起来。一个月后，密西西比州的新州长宣誓就任，这是个十分认真、善良的新州长，对珀维斯颇为同情。当珀维斯得知这位州长对他深表关注后，便主动前去自首，1896年3月12日，这位州长把他的死刑改判为终身监禁。但是，这时的珀维斯案件已经被美国上下各界所关注，珀维斯本人也成为舆论界的知名人物。在美国各地，有数以千计的信件寄到州议会，信中的内容都是要求把他赦免释放。1898年末，珀维斯终于重新获得自由。

1917年，美国一个名叫比尔德的人在临终之时，终于承认过去的那件谋杀案是他干的，与珀维斯毫无关系，珀维斯终于沉冤得雪。

令人不可思议的是珀维斯在当年受审讯时，曾多次发誓说自己是无辜的，而当时的12名陪审员对这个可怜的年轻人却毫无同情之心，当12名陪审员强行、武断地裁定他罪名成立时，他大为震惊，难以置信，大声愤怒地道："我将活下去看着你们死掉。"珀维斯死于1938年10月13日，刚好是在12个陪审员中最后一个死去的第三天。这也许是个令人不可思议的巧合，然而，珀维斯怎么能够离奇地逃出鬼门关？绞索怎么能自动解开？难道这一切也都仅仅是巧合吗？

1830年，在澳洲悉尼市，一帮小偷在盗窃一张藏有金币和银币的小桌子时，当场被一名警察发现，罪犯向警察袭击，造成警察因伤致死。这起盗窃案发生不久，当地一个名叫萨尔姆斯的人被捕。警察在他的口袋里找到了被盗去的金、银硬币，就立即控告萨尔姆斯犯有谋杀罪。萨尔姆斯矢口否认此事与他有关，并不停地解释说，他口袋里的金、银硬币是从赌桌上赢回来的，同时还提到了几名证人，以此证明案发时他根本不在现场，而是在另外一个地方正喝得酩酊大醉。不过，警察还是对他毫不放过，并使用各种方法向他施加压力，在警方高压逼供下，萨尔姆斯最终不得不承认了盗窃罪，但决不承认谋杀，尽管如此，他还是被判定谋杀罪名成立，判处死刑。

这时，与萨尔姆斯合伙作案的另一个罪犯西蒙兹也被警方抓捕拘留，但是他使出百般花招，坚决不认罪。为了恐吓他，逼使他招供，警察局宪兵司令下令，把西蒙兹带到刑场，让他亲眼看着萨尔姆斯被当众绞死。

执行绞刑那天，一辆马车把萨尔姆斯拉到刑场，警察把绞索套在他的脖子上。只要一声令下，马就会被赶着往前跑，让犯人吊在那里，直到断气。

刑场上早就密密麻麻地聚集了好多人，萨尔姆斯获准在执行前向人们说几句话。他连喊冤枉，直说自己虽然有打劫罪行，但确实没有谋杀，他还说：真正的凶手就是站在他面前的被警察看押着的西蒙兹。

西蒙兹听到这句话后立刻大声呼叫，企图把萨尔姆斯指证的声音掩盖过去。但是人们已经很清楚地听到了他的声音，这时人群大乱，他们不断地往前拥挤，高喊着要求释放萨尔姆斯，审判西蒙兹。一名正在维持秩序的警察一不小心把马屁股戳了一下，马群受惊逃窜，萨尔姆斯一下被吊在半空，但一瞬间绳子断了，人们被眼前的情景惊呆了。

警察立刻把犯人重新围住，又赶快去准备第二条绳子。这时群众汹涌，宪兵司令命令赶快把萨尔姆斯再套上绞索，一声吼叫，马车被赶走，萨尔姆斯又被吊在半空。令人吃惊的是，绳子各股开始松开，

恰恰把萨尔姆斯安全放在地上站着，连惊魂未定的萨尔姆斯都觉得如堕云雾，他自己也搞不清楚到底是怎么回事。

这时人们的情绪再也无法控制了，他们确信自己看到了奇迹的发生，同声高呼"放了他，放了他"，但是第三条绳索又套在萨尔姆斯的脖子上。这次，绳子就在他的头上的地方断了。宪兵司令这一次真是觉得不知所措，他翻身上马直奔总督府，向总督报告这件怪事，总督立即下令暂缓执行死刑。

事情过后，宪兵司令仍然对这事有怀疑，他仔细地一遍又一遍检查曾经套在萨尔姆斯头上的3根绳子，但是没有任何破绽。尤其是第三条绳子更是崭新的，他又用400磅的重量测试了几次，都没有任何怀疑，即使三股中两股割断了，也依然可以承受400磅的重量，但体重轻得多的萨尔姆斯怎么能吊上就断呢？站在这几根绳子面前，宪兵司令简直觉得像是在做梦。

西蒙兹终于受到审判，审判的结果是因谋杀罪被判绞刑。

生命极限之谜

◉　◉　◉　◉　◉　◉　◉

在中国古代的传说中，最长寿的人是彭祖，据说他活了800岁。但那毕竟是传说。不过，在现实生活中，也有不少长寿的人。

据中国福建省《永泰县志》第12卷记载，永泰山区有个名叫陈俊的人，他生于唐僖宗中和元年（881年），死于元泰定元年（1324年），享年434岁。陈的子孙"无有存者"，生活由"乡人轮流供养"。日本有个名叫万部的人，1795年，当宰相因其夫妻寿命"高不可攀"而召见他们时，万部是194岁，其妻173岁。48年后，日本举行永代桥换架竣工典礼，他们一家再次应邀前往，万部那时已是242岁了。

英国也有一位叫费姆·卡恩的人，他活了207岁，经历了12个王朝。

以上这些都是超长寿的人。

超过百岁的人就更多了。1980年7月9日，在英格兰的剑桥郡，约翰·奥顿和哈丽叶特·奥顿隆重庆祝了他们结婚80周年纪念日，这一年他们分别是104岁和102岁。中国江西于都县石靖乡敬老院的唐招娣、钟度春老人，分别是110岁和104岁，且身体健康。像这样的百岁老人不胜枚举。

在长寿人群中，有两个显著特征是值得人们研究的，一个是长寿的遗传性，即长寿者呈家族形式存在。中国新疆英吉沙县的吐地沙拉依一家就是一个长寿家庭，他母亲去世时110岁，他哥哥135岁去世，两个弟弟分别活了103和101岁，而他本人在1986年时就已137岁了。有人对武汉地区100位90岁以上的长寿老人的父母和祖父母的年龄进行了调查，这些老人的父母年过80岁的有22人，90岁以上的11人，祖父或祖母的年龄在80岁以上的14人。广州1980年的调查结果也是如此，被询问家史的46名长寿老人中，有长寿家族史的占65%。这说明，遗传与寿命的长短密切相关，但其具体机制如何，目前还不太清楚。

据调查，世界上有4个著名的长寿之乡，其一是保加利亚南部的多彼山区，平均每10万人中有百岁以上老人53人；其二是格鲁吉亚，在1200万人口中，百岁以上老人有5600多人，每10万人中有百岁老人47人；其三是被称为心脏病患者的疗养圣地的厄瓜多尔的洛哈省；其四是中国的新疆维吾尔自治区。

有的学者认为，人的寿命的"蓝图"早在妊娠初始的瞬间就明明白白地"印"在其基因之中了。从人体上取下一丁点儿皮肤，放在实验室的组织培养基中，人们会发现，该细胞有一个相当长的稳定不变的寿命期，每个细胞都能生长并自行分裂40~60次，然后死亡。一系列的实验证明，我们每个人的寿

命在生命初始时，就已由"寿命基因"基本上确定下来了。

另一种理论则认为，人没有什么"寿命基因"，倒是人的细胞在分裂生长的过程中因环境影响及生理变化而不断破损，致使"细胞机器"运转失灵，发生事故。这种破损到底是什么性质的，人们尚不清楚。细胞中的"修复"工作可能根本不起作用或效率不高，致使一些小毛病最终酿成危险的大故障，导致细胞死亡，从而影响人的寿命。

看来，要想解开人的长寿之谜，还有很多工作要做。

无论一个人有多么长寿，总有一天他要面对死亡，那么，有没有可能有一天人能够达到"长生不死"的境界呢？

"死得其时"是德国生命哲学家尼采送给人类的一个忠告。尼采认为文明的演进必须以死亡为代价，只有不断的死亡才会有不断的新生。也许是他有天才的预见，也许是一种偶然的巧合，这种思想被现代生物进化论所接受，并且拿出了相当一部分生物学上的证据。这些生物学者认为，越是高级的动物，再生和不死

的能力就越低。例如，壁虎可以长出一条新的尾巴，而哺乳动物和鸟类就不能，而更原始的阿米巴虫，只要环境容许，几乎会永远分裂下去，但它们却仍然是原生动物，和10亿年前没有什么不同。

美国学者沃尔德这样说过："死亡作为生命的不可避免的终结，似乎是进化过程中后来的发明。人们在生命有机体的进化阶梯上，可能在很长一段路中遇不到尸体。"他指出，在像海葵和蠕虫那样复杂的动物中，还可以发现它们是通过分裂而繁殖的。可是在这进化阶段上再往上升，死亡就不得不引入世界，这很可能是我们成为真正复杂的生物所必须付出的代价。根据现代遗传学的观点，越是复杂和高等的生命，对环境的适应能力也就越强，而为了适应多样性的环境，物种的变异能力显得格外重要。变异能力的前提是为新生命提供足够的空间，这样，老的生命就必须被定时地淘汰出去。所以，死亡被引入生命世界也就是顺理成章的事了。可以说，没有死亡，就没有进化。

可是，也有一些科学家不同意上述结论，认为人总有一天是可以永生的。他们认为高等生物尤其是人类目前为止当然要接受死亡这个事实，但并不意味着死亡就是一个必然。人类的技术能力有一天是可以克服死亡的，比如克隆绵羊的成功，就为人的第二次生命提供了一线希望。这虽然有一些伦理难题尚待解决，但在技术上是完全可能的。未来永生的概念也许并不是一个人的身体永远存活下去，而是指一个人的基因长期稳定地在人类种群中存在。

人能不能永生？关于衰老的理论，医学界没有取得共识。生命的结构单位是细胞，细胞的生命周期是由它内部的时钟来决定呢，还是由它所处的生存环境来决定呢？美国斯坦福大学医学院列纳德·海弗利克教授发现，培养基中的正常动物细胞不可能自我复制超过50次，换言之，似乎在细胞内部有一部时钟，由它来决定细胞何时停止分裂，从而使机体进入衰老。在美国，还有一个有趣的例子，人们发现一些孪生兄弟虽然分开生活，却死于同一时间和同一病因，这也从一个侧面证明了上述细胞生命周期的自我决定论。如果动物细胞的分裂周期被打乱，使它们可以无限增殖下去，那么就变成了癌细胞。所以，如果动物细胞不能按时衰老的话，它将转变成为恶性肿瘤组织，同样威胁到机体的生命。

也有不少科学家持环境决定论。美国外科医生亚历克西·克雷尔用小鸡胚胎做培养基，使鸡的一块心脏组织存活了34年，是鸡正常生命的10倍。康奈尔大学的克里夫·麦凯博士做了一个关于衰老的小鼠试验，也引起了人们的兴趣。麦凯博士起初发现成长和衰老几乎是紧接着进行的，如果动物体停止生长，并发生骨骼硬化，那么衰老就会不可避免地开始。于是他想用极少量的食物来喂养小鼠，使它们的个体几乎不增大，只是维持它们的生命代谢。结果实验组的小鼠的生命期几乎增加了一倍，但却患有精神发育迟缓和骨脆症。显然，这种长寿之道是不值得推广的。不过，上述两个实验似乎都表明了细胞及有机体的最高寿命是可以延长的。

虽然生物学家们日益认识到衰老和死亡对于物种进化的意义，但却被哲学家和社会学家们指责为向死亡投降，这里面有一个如何去理解人道主义的概念难题。长寿是生命质量的重要方面，却不是唯一的方面，随着人口平均寿命的增加，社会的老龄化已是一个不可忽视的问题。已经有人提出了新的医疗理论，认为医生的主要职责是救人，而不是尽量拖延人的生命。理想的状态是确保有一个最佳年龄期，这个时期在我们整个生命中的比例应该尽量扩大，在这个时期内人可以保持年轻和强壮，然后，衰老仅仅发生在生命的最后一段很少的时间。这种思想在医学界和社会各界引起了极大的争议，如果付诸实施的话，将会促使医疗及社会保障机构做出重大的变革。有人指责这是纳粹思想的复活，是典型的人种优化理论。也有人认为这是提高生命质量的切实途径，是未来的人道主义。人能不能永生，及由此引发的有关衰老、生命质量、死亡等等的争议，究竟谁是谁非，只能留给科学去判断了。

白痴天才之谜

◉ ◉ ◉ ◉ ◉ ◉

或许你也听说过，天才与白痴之间只是一线之差，有时这条线甚至不存在。也就是说，这两种各处一端的东西会同时存在于一个脑袋中。

有一个叫福勒利的人，他几乎一生一世都在法国阿曼蒂欧里斯的一家精神病院里度过。

福勒利是一对患有梅毒的夫妇的孩子。他生来就是瞎子，意志薄弱。由于早年就被抛弃，一家医院成了他的收容所。在那里，人们很快就注意到，福勒利在心算上有着非凡的本领，人们试图教他学会一些正当的行为，但毫无结果。对教导者所解释的一切，福勒利只能领会一点。在医院里，他摸索着绕着大厅和其他地方行走，就这样度过他的第一天。

有一次，在12位欧洲杰出的学者和数学家面前，福勒利被带进一间房子里，做一次有关他的不可思议的天才的表演。他靠着墙，痴笑着，在众多的陌生人面前，他感到尴尬。陪伴着他的人把一道由那些博士提出的问题向他读出来：如果你有64个盒子，而你把一粒玉蜀黍粒放在第1个盒子里，放在第2个盒子里的玉蜀黍粒是第1个的两倍，放在第3盒子的玉蜀黍粒又是第2个的两倍，如此类推，那么，你要在64个盒子里放进多少玉蜀黍粒。

福勒利继续傻笑，把脸埋在教授们的手里。陪伴他的人问他把问题听明白了没有，他说听懂了。那人又问他会不会回答，他说会。不到半分钟，他就把正确答案算出来了。答案是：18446709551615。

福勒利，这位阿曼蒂欧里斯的白痴，曾被安排在天文学家、建筑学家、银行家、租税征收人和造船家等人面前做同样的表演。每次，他都是在数秒钟之内算出了正确的答案。这样的表演，直至他死后数十年，有了电子计算机之后，才再度出现。

1849年，美国阿拉巴马州有一名叫比顿的领主，他家里有一女奴生了一个儿子，叫汤姆·威吉斯。在汤姆身上，发生了类似于福勒利的事。

汤姆也是一个盲人，由于他需要特殊照顾，被允许跟他妈妈住在一间大房子里。他渐渐可以独自在房子里摸索着行走，但他宁愿在那道主楼梯下的角落里，静静地、一动不动地站数个小时。很明显，他是入神地听着那个古老大钟的"嘀嗒"声。

1855年，汤姆6岁了。在一个欢愉的春天的傍晚，比顿领主一家款待几位来自蒙哥马利的客人。其中的一个节目，是由两位比顿家族的女士演奏钢琴。这两位女士，一个是农场主夫人，另一个是农场主的儿媳妇。两人都曾在波士顿音乐学校就读，并且都达到了音乐家的水平。

当晚，当客人们全都就寝之后，比顿少奶奶却听见了钢琴音乐，她十分惊奇。难道是她的婆婆还在楼下演奏？她推开婆婆的房门匆匆看一眼，见她婆婆睡得正香。满腹狐疑的比顿少奶奶踮着脚走下楼梯，直走到放置钢琴的那间房的门前。

借着在那个直立大窗透进来的月光，她看见那盲童小汤姆坐在钢琴前，那短而粗的手指凭着触觉在琴键上飞舞。他正重复地弹着在当晚那两位女士曾表演过的其中一首乐曲，虽然弹得有缺陷，但毫无错误。他只是在琴键上摸了一遍，对它有了一点认识，然后便很快能再次"复制"出拍子和音乐，跟他在数小时前听见的一样。

这孩子是从一个开着的窗口爬进客厅的。他所重复的音符，是由两位受过训练的钢琴家所奏过的，实在令人惊异。汤姆·威吉斯，这个盲童低能儿，后来成为一位音乐神童。比顿一家发觉，汤姆具有准确无误的模仿能力。不管人家演奏了什么曲子，他都能够立刻再次演奏出来，连别人搞错的地方他都能照搬无误。

汤姆的事迹很快便传开了，比顿少奶奶允许他做公开表演。

盲人汤姆在美国和欧洲做周游表演，历时25年，赢得了无数人的喝彩，每当他听完一位钢琴家演奏之后，便忠实而精妙地把那位钢琴家的演出再现出来，即使是一些难度甚高的细节，也无妨他的模仿。

从没有接受过琴键知识的汤姆·威吉斯本身是个盲人，他是怎样成为钢琴家的呢？这是一个未解之谜。

1768年，瑞士伯恩一个富有的家庭生了一个名叫戈特弗里德·迈德的男孩子，他所表现的心智很快就表明了他是一个低能儿。他的家人用尽了各种努力，想提高孩子的智力，但那孩子常常是毫无反应。自出生至1814年在他46岁死去时为止，戈特弗里德·迈德一直都是一个低能儿，甚至不能照顾自己，当他外出散步时，需有一个保姆陪伴左右。

戈特弗里德在儿童时期有一套画具，另外还有粉笔和石板。他很快便开始绘画一些生动的动物和孩子的素描，其中一些是水彩画。他对绘画表现出了极其浓厚的兴趣，并乐在其中。在有阳光的日子里，戈特弗里德的保姆会领着他，前往家庭领地的每个安静的角落去，他会连续数小时地安坐在那里，愉快地咕哝着，画着或给画上色。他那孩子般的脑袋里，因而充满了欢乐。在他30岁的时候，他那具有艺术家水平的绘画，使他成了欧洲知名的人物。他给他的宠物或他内心里认同的孩子所作的画，特别叫人喜爱。戈特弗里德所画的一幅母猫与小猫的画，被英皇佐治购买，并在皇宫里挂了许多年。

关于艺术家与白痴奇异的结合这种事，也发生在现代人的身上，他就是日本神户的山下京司。同戈特弗里德·迈德一样，他像小孩子那样，需要受到保护与带领。然而，当他的绘画作品于1957年末在神户的一间商店里展出时，受到了广泛的赞赏，前往参观选购的人估计超过10万人。

京司诞生在东京的贫民区，由于心智的成长受到阻碍，他在12岁时被安置在一所医院里。尽管他在艺术方面并无任何家庭背景，他先前亦无表现出任何在绘画方面的兴趣，但京司开始作画了。他作画的方法是，把颜色纸撕开，并把这些碎纸片拼贴在画布上。

他的天才继续得到发展，医院里的医生鼓励他，给他一些颜料，他渐渐地学会怎样使用。他在日本受到人们普遍的喜爱，杂志争相以他的作品作为封面。1956年，山下京司35岁时出版的一本彩色画册，成为日本畅销书之一。后来，他便在城市的街道上流浪、求乞，最终无人知道他身在何处。

人们对具有特殊才能的人，开始进行科学上的探索，一直到今天，人们正期待着哪怕是最微小的突破，都可以推进研究。但是，目前人类对于自身大脑的了解还不多，真正想揭开这个谜，恐怕还有待来日。

每个人都知道，智力是人类的特性之一，简单地说，智力就是成功地进行心智活动的能力。它涉及记忆力、推理力、创造力以及其他许多的心智能力。在表现形式上，有的人记忆强，但创造力差；有的人不善于抽象推理，但只要粗略地看一下图纸，就能做一个复杂的小橱柜；还有的人，对周围的环境毫不关心，沉湎于幻想，致使他感情或表情、行动、意志的表达、学习等方面表现很差。这种病态表现在医学上被称为"孤独症"。但另一方面，这种人对于自己感兴趣的事却又表现出异常敏锐的反应，显示出天才的能力，心理学上又将这类人称为"白痴天才"。像这样具有特殊才能的人，在孤独症患者中约占10%左右。

美国青年迈克尔·希基已经20岁了，可至今尚没有说过一句完整而通顺的话，他那双清澈明亮的大眼睛炯炯有神，与其举止十分不谐调。他仿佛丢了魂似的，天天坐在椅子上，晃动着身体，嘴里总是在不停地嘟囔着。但是，每当他玩起复杂的魔方时，犹如换了一个人，他那么专注，聚精会神。一个乱了套的魔方很快就能调好，比魔方大师詹·诺尔斯的最快记录还快了8秒，表现出让人难以理解的非凡才能。

美国纽约州立发育障碍基础研究所的心理学家路易·希尔曾对美国低能者做了一次调查。他说，低能者与孤独症患者在缺陷和才能方面有很大差异。但在发挥特殊才能方面有相似之处。如日历计算、艺术才能、摆弄机械、数学、特殊记忆，以及由于嗅觉等感觉器官发达所特有的异常识别能力。一般具有最后一种能力的人很少见。例如，在阿斯伍德精神病院被称作天才的普莱思（1912年病逝），他在机械方面就有惊人的才能。做了一个名叫"格莱德·伊斯"号客轮的模型，光是固定船体3米长的板材就用了125万根销针，整个模型十分精致，而且能在水上行进。令人惊讶的是，普莱恩从来没见过大海和湖泊，就连轮船也没见过一次。他仅仅是根据手帕上画的船这点线索而制作的。

为了查明这种特殊的才能，希尔专程去拜访了住在纽约斯塔膝岛一位年近60岁，名叫罗巴特的低能者，花了7年时间，对他进行彻底的调查。

罗巴特只要听一遍乐曲，就能用11种乐器演奏出来，并且他能记住所有重要的日期。特别是他具有日历计算才能。只要随便给他一个1937年以来的日期，他马上就能说出该日期是星期几。反过来，如果告诉他星期几，他也能正确说出它的日期。

对于这种日历计算，学者历来认为是来自"电影式记忆"，但希尔表示异议。他曾让罗巴特看几张照片让他记忆，可过了一会儿再问，罗巴特什么也想不起来了。这说明他的特异才能并不是因为记忆能力强。通过实验，希尔发现了罗巴特所具有计算日历奇能的秘密在于自始至

千万不要歧视身边的任何一个人，他们都拥有一颗天才的头脑

终地集中精力，不知疲倦和不厌其烦。希尔说："他把世界中的其他一切事物排除在外，只对自己感兴趣的事集中精力。"至于他如何产生这种集中力还没有搞清楚。

时常有人问："特殊才能者为什么能完成一些不可思议的事情？"对此，圣达戈儿童行为科学研究所所长利姆兰德说："正常人自己想干什么就动手去做。譬如签名，把勺子放入口中等简单行为，没有必要做什么说明。但是特殊才能者就完全不一样，因为他们考虑什么问题时集中百分之百的精力，而我们只集中百分之五十的注意力。看来，他们的脑子确有一些缺陷，主要表现在只存贮记忆而不能处理从外部来的刺激。"因为对刺激可能反应的范围被限定，所以，他们不可能进行一般化、抽象化思维，可是却表现出非凡的集中力。利姆兰德将这样的功能叫作"缺陷滤波器"，并推测这种滤波器存在于大脑中与"敏捷性"有关的区域，即在网状激活系统附近。但遗憾的是，这种滤波器至今尚未被科学家们发现。

人类对大自然认识的已经很多、很广了，但是对自己的大脑却了解得太少太少了。在古时，人类将自己的功能活动错误地认为是心脏的作用。所以，"心里想"这句话一直流传到今天仍被人们常说。其实"想"是大脑的功能。

那么，人的大脑是怎样进行思维的呢？这仍是一个不解的谜。经过研究，人们仅能知道，人的大脑平均有1400~1600立方厘米，包含150亿个神经元（细胞），每个神经元可以接收几千或几万个神经元传来的信息。同时，它也可以向几千或几万个神经元传出它的信息。也就是说，进行信息传递。后来又发现，在信息传递过程中，有些物质参加传递活动，例如乙酰胆脸和5-羟色胺。而且还知道这种信息传递是分区域的，视觉、听觉、触觉、味觉、嗅觉等感觉都可以在大脑皮层上找到相应的区域。但是，我们在认识自然和社会的时候，经常是既看又听，或尝、或触同时进行。那么，大脑是如何进行这种复杂的综合性活动的呢？这还有待于进一步研究。

孪生子信息感应之谜

孪生子不仅相貌相像，在行为上往往也令人吃惊地相似。这一奇怪的现象，引起了许多科学家的兴趣，美国、意大利和日本，都设立了专门的研究机构。

自己是孪生、又专门探索孪生之谜的美国芝加哥大学尼乌曼教授，搜集了许多有关这方面的令人难以置信的例子。下面的两个例子，就是他搜集的。

约翰·莫福斯和亚瑟·莫福斯是孪生兄弟。他们的姐姐说："不管什么事，他们俩之间好像有什么相互感应。一个伤风，另一个定会感冒。"1975年5月22日晚，两人都感到胸痛，并被紧急送到医院。而这一切两人相互之间并不知道，因为他俩一个在布里斯托尔，另一个在温莎，直线距离有七八十英里。

两人到医院后不久都因心脏病而去世。

在美国俄亥俄州出生的一对孪生兄弟在出生后不久就被两个不同的家庭抱养走了。1979年，在他们分离39年后重逢。这时发现他们两人的名字都叫詹姆斯。他们都受过执法训练，都喜欢机械制图和木工活，都娶了名叫琳达的女人为妻。他们各又都离了婚，娶的第二个妻子都叫贝蒂。两人都养了一只狗，名字都叫托伊。而且两人所喜欢的地方都是佛罗里达州圣彼得斯堡的度假海滨。

美国还有一个三胞胎兄弟，1961年出生后，分别被3个不同的家庭所抚养。1980年他们相逢了，发现三人虽然在不同的环境里长大，但是却有许多相同的习性，比如，喜欢吃意大利菜，喜欢听摇滚乐，喜欢摔跤，而且三人的智商虽然都很高，但数学却同样不及格。三个人都接受过精神医生的治疗。三个人重逢时，大家拿出的香烟竟是同一个牌子的。

近年来，中国在开展双胎或多胎的遗传研究中，也发现了不少这种神秘的同步信息现象。1982年，哈尔滨医科大学在调查中，发现一对孪生姐妹身上有不少奇妙现象。一次，姐姐在校参加考试，因精神过度紧张而出现头痛并伴有恶心现象，无法继续考试；当时她的孪生妹妹正好在看电影，也突然感到头部阵发性胀痛，想呕吐，只好中途退场。又有一次，妹妹在医院做人工流产手术，正在家中做家务的姐姐也突然感到腹部疼痛难忍，待妹妹做完手术回家，姐姐的疼痛也消失了。

以上这些事例都完全超出了巧合的范围，难道这里面有什么必然的内在联系吗？科学家们对孪生子这种"同步信息"现象进行了深入的研究，但得出的结论却大相径庭。归纳起来，主要有以下三种。

一种观点认为双胞胎或多胞胎中的一些性状和疾病的相似性，是由于受精卵分裂时的时间因素在起作用，当一个受精卵分裂成两个相同的受精卵时，分裂的时间越短，则彼此相似的程度就越大。

另一种观点认为孪生子心灵上的感应现象，是一种比普通遗传现象更为复杂的四维空间遗传现象。作为遗传物质的基因，要得到反映或表现，就要受到时间因素的限制，如一些说话延迟的家族，其家族成员开口说话的年龄均较一般人来得晚，但在家族内部，人们开口说话的年龄却几乎相同。

这种家族结集性现象，正好说明了遗传物质想得到反映或表现，就要受到时间因素的限制。所以，孪生子的遗传因素完全相同，就能表现出很多相同的性状或疾病，如果再加上相同的时间因素，就会表现出同步的一致性。

第三种观点认为孪生子之间产生同步信息，是由于他们的生物电接收器和释放器同步"运行"。当一方的生物电作用器启动时，另一方很快就可以感受到，并释放出相同的生物电，结果形成了孪生子在思想和行为上的同步现象。

以上三种观点，都在一定程度上揭示了孪生子同步信息的奥秘，但又都有不够周密的地方，因此，还没有一种观点得到普遍赞同。看来，要想彻底揭开孪生子同步信息的秘密，还需要时间。

意念魔力之谜

◎　◎　◎　◎　◎　◎

最新研究表明，心脏的确有某些思维作用，因此，意念力可以说是心力与脑力的综合物。

意念力，看不见、摸不着，但每时每刻都在默默地产生影响。它不但可以对人本身发挥作用，而且还可以对周围的事物产生影响。

在浙江省天台县流传着一个小济公李修缘治病的故事。一次，小修缘随父亲到舅舅王安士家作客，看到舅妈躺在床上，骨瘦如柴，脸色惨白。一问说是得了怪病，一吃即呕吐，所以，体力渐渐不支。起因是十几天前去吃喜酒时，她眼睛一花，好像有只绿色小虫吞下了肚。当时直想呕吐，回家后便吃什么吐什么。舅父遍请当地名医，毫无作用，一家人一筹莫展。小济公联想到古代"杯弓蛇影"的寓言，

马上计上心来。他借口小便，溜到门外，在田间捉到了一只指头般大小的绿色青蛙，弄个半死，交给丫头秋香，并如此这般地在她耳畔嘀咕了几句。吃中午饭时分，秋香怂恿舅母硬撑起来陪小济公父子吃饭。舅母刚刚吃了一点东西，又吐了起来。秋香伶俐地端起红木盘承接。小济公边替舅母捶背，边说："你用劲吐，吐出绿虫，病就好了。"不一会，秋香和小济公异口同声地大叫："吐出来了！吐出来了！是只小青蛙！"舅母抹了一下模糊的眼睛，拿近一看，果然不错。从此，她进食后再也不呕吐了，不久便恢复了健康。

神医华伦曾经说过一句名言："医病先医心。"小济公根据这个原理，成功地进行了一次运用意念

治病的实践。其实，运用意念治病的例子中外都有很多。

从前，南京城里有个大盐商。一天，他看到一张朝廷改变售盐办法的诏文，惊得伸出了舌头，可是，舌头再也缩不回去了。南京各种各样的名医都应邀诊治，然而，效果都等于零。于是，富商贴出榜文，说是能医好者，愿以千金相酬谢。才出道的医生王子亨揭了榜文。他拿着《针灸经》对富商说："你看，你这种病在这本书上早有记载，我一针包你当即痊愈。"说完，装模作样地往富商舌底部扎了一根银针。接着，他又大声说："现在，你舌根的经络已经打通，针一拔出，你的舌头就可以缩回了！"说着"唰"地将银针拔出，富商忽地将舌头缩回，自然千谢万谢。其实，任何古书上都没有医治这种病的个案，王子亨也没有特别的本事，只是妙在使自己的意念在病人心理上发生了强烈的作用。

意念力还可以推迟死亡。有人讲过一个壮烈的故事。在一次战斗中，法国指挥官拿破仑的传令兵受了致命伤，然而，他依旧骑在马上向指挥部飞奔送信。当拿破仑看到他浑身是血的样子，关切地问："你受伤了吗？""不，我被杀死了！"传令兵一把信交给拿破仑就立即从马背上掉下来死了。这种推迟死亡的故事我们日常时有所闻。为什么能推迟死亡？心理学家解释说："由于濒临死亡的人感到某种责任未尽，加上顽强的意志努力，使大脑皮层内形成了强烈的兴奋中心，唤醒着即将丧失的意识，结果推迟了死亡的到来。当完成了肩负的责任以后，这个兴奋中心一下子就松弛下来，使濒临死亡的人即刻死去。"

意念既能治病，也能伤人。

安德烈耶娃曾经碰到过这样一件怕人的事。一天，她丈夫高尔基在隔壁写作，忽听"嘭"的一声，她赶紧跑过去，只见高尔基已经倒在地上。她贴耳听听他的胸部，还有轻微的心跳声。解开他的内衣一看，右胸下方有一条刀痕般的印记，颜色呈深红色。她一时吓得不知所措。冷静了一会儿之后，她打算去找医生，恰巧高尔基醒过来了。他笑笑说："没什么，我刚才写到小说中的主人公突然抓起桌子上的小刀，发疯般地猛扎妻子的肝脏，于是，血如泉涌般地从伤口里喷溅出来……你看，是多么残忍的行为！"过了好几天，高尔基胸部下方那道红斑痕才慢慢褪去。

高尔基这种自我意识致伤的现象不是绝无仅有的。据1914年的一份不完全统计，当时，在欧洲的虔诚的基督教徒中，就有49人身上出现"圣痕"怪症，其中41个是女性，8个是男性。

何谓"圣痕"？就是在复活节前，教徒们聚集在教堂里，听牧师讲解耶稣被钉上十字架的酷刑时，有的人产生受难的共鸣心理，仿佛自身被钉上十字架一样，于是，身体表面出现明显的"十字架"痕，还会流血不止，直到复活节后一周，才会不治而愈。最典型的"圣痕"患者是德国康纳兹列依塔村的妇女吉·涅依蔓。她自1926年起，每年复活节前后，胸部、额头、手部或脚部，都会出现"圣痕"。这些"圣痕"很怪，既不发炎，也不溃烂，自行显现，自行消失，十分有规律。成千上万的人都看到过她身上的"圣痕"。

意念不但能使人产生伤痕，严重的还能伤人致死。美国心理学家杰姆斯·克拉特在《生物心理学》一书中讲到这么一件事，有个死刑犯被行刑者蒙上脸，捆住手脚，告诉他："等一会儿，用刀子割断你的静脉血管，血液就会慢慢流出来，等血流干，你的生命也就结束了。"死刑犯只觉得腕部一阵疼痛之后，接着便传来"嘀嗒——，嘀嗒——"的"血"流声。开始他的身体还不时地痉挛着，渐渐地，渐渐地，他不动了。当行刑者宣布他的血已经流干，解开他的手脚，去掉他的面罩时，发现他已经停止了呼吸。其实，他只被割破一点皮肤，血根本没有流掉，流掉的只是做实验用的水。很显然，他是被自己的意念杀死的。

记忆与遗忘之谜

◉ ◉ ◉ ◉ ◉ ◉ ◉

1998年3月6日，美国白宫为迎接纪元千年盛事，邀请了英国著名物理学家斯蒂芬·霍金，作题为《想象和变革：未来一千年的科学》的"千年系列讲座"第二讲。克林顿总统夫妇与几十位科学家饶有兴致地听霍金上课。霍金的讲课幽默、深邃，内容涵盖时空、宇宙、生物技术、信息科技等，其知识之丰富令人叹为观止。这位出生于1942年的当代科学家，在宇宙黑洞、量子论与宇宙起源等方面提出了许多重要理论，被公认为继爱因斯坦之后最伟大的物理学家。

早在21岁时，霍金就被诊断出患有神经元系统绝症，逐渐发展为身体瘫痪，不能讲话。但他靠着顽强的思考与记忆，在与疾病做斗争的同时，仍然进行着他的科学探索。他回忆道："当我上床时，我开始想到黑洞。因为残疾使这个过程变得很慢，我有较多的时间去考虑。"科学天才霍金为人类的记忆之谜提供了一个全新的研究资料。

传统心理学认为记忆是过去的知识、经验在人脑中的反映，而认知心理学则认为记忆是信息的输入、储存、编码和提取的过程。一个正常成人的大脑重约1400克，分为左、右两个半球。大脑皮层是脑的最重要部分，是心理活动的重要器官，其展开面积约有2200平方厘米，厚约1.3～4.5毫米，结构和技能相当复杂，那么输入的记忆信息储存在脑的什么部位呢？不同的学者有不同的看法。

持定位学说的学者认为，不同类型的记忆信息储存在大脑的不同部位。早在1936年，加拿大著名的神经外科医生潘菲尔德在癫痫病人完全清醒的条件下，为病人进行了大脑手术。当他用微电极刺激病人的"海马回"的某些部位时，病人回忆起了童年时代唱过的但却早已忘记了的歌词。在潘菲尔德的开创性发现之后，又有许多研究者为这种定位说提供了临床上的证据。苏联神经心理学家鲁利亚研究发现，大脑额叶与语词类的抽象记忆有关，丘脑下部组织则与短时记忆有关。还有一些研究成果表明："杏仁核"与内部事态的记忆有关；"尾核"与自我中心的空间记忆有关；"海马回"与时间、空间属性的记忆有关。持均势说的学者则认为，人脑中并没有特殊的记忆区。美国心理学家拉什利在动物身上所做实验表明，学习成绩与大脑皮层的特定部位的切除关系不大，而是与切除的面积大小有关，切除面积越大，对学习成绩的影响也越大。因此，拉什利认为，每一种记忆痕迹都与脑的广泛区域有联系，保存的区域越大，记忆效果越好。

另外一种关于记忆的学说是"聚焦场"理论。它认为神经细胞之间形成复杂的神经网络系统，没有一个神经细胞可以脱离细胞群而独立储存信息。记忆并不是依靠某一固定的神经通路，而是无数细胞相互联系作用的结果。

近年来，由于激光全息理论的出现，有人提出了记忆的全息解释，认为记忆储存在脑的各个部分，而每一部分都有一个全息图。因此，虽然每人每一时刻都要死去一些脑细胞，但这并不影响记忆的存储。

心理活动必须以一定的生理机制为基础，因此揭示记忆的生理机制之秘会为记忆之谜打开一条通路。但由于生物神经系统的复杂性，有关记忆的生理机制仍然有许多问题悬而未决。

患有早老性痴呆症的美国前总统里根在得悉自己患此绝症时，曾要求美国人民帮助他与夫人南希迎接疾病的挑战。他病重时，甚至将他曾连任美国总统这一伟大而深刻的经历都遗忘殆尽。其实，不仅病人，就是健康人也会遗忘，只不过是遗忘的程度有很大区别。遗忘是我们人人都经历过的事，没有遗忘，人脑很快就会被信息塞满而无法正常工作。那么，为什么有的事情"过目即忘"，有的却"记忆犹新"？也就是说，遗忘的原因是什么呢？

最初，心理学家用记忆痕迹的衰退来解释遗忘现象。他们认为学习知识的活动使大脑的某些部位产生了变化，留下了各种痕迹，即所谓的"记忆痕迹"。不同的记忆痕迹留在大脑皮层中不同部位的不同神经中枢。如果学习活动之后仍不停地练习，记忆痕迹便被保持下来；若学习后长期不再练习，记忆痕迹就会随着时间的推移而消逝，出现了所谓遗忘现象。正如诗人所吟唱的："时间是冲淡感情的酒。"

有的研究者提出遗忘是新旧经验相互干扰的结果。有时是新学的知识干扰了对已有知识的回忆，称为倒摄抑制现象；有时则是原有知识干扰了对新知识的学习，称为前摄抑制现象。这两种抑制现象已被心理学研究所证明。但是，仅以此来解释遗忘现象是否可信，仍有待商榷。

还有一种观点用记忆检索困难来解释遗忘现象。这种观点认为遗忘是由于个体无法把识记过的事物从记忆中检索出来。造成这种检索困难的原因是什么呢？有人认为检索指引的适当与否是形成检索困难程度的主要原因。以用回忆法和再认法测量回忆量为例，由于这两种测量方法的差异，即检索指引的差异，就会造成回忆量的差异。

也有研究者用动机与情绪的影响来解释遗忘，认为，为了避免痛苦体验在记忆中复现，当事人就会把自己早年生活记忆中的痛苦的不愉快的经验压抑到潜意识中，以免因为这种记忆可能引起焦虑或不安，产生所谓"动机性遗忘"。另一种观点则认为，当个体对引发记忆的刺激或检索信息不感兴趣、缺乏动机时，便表现出不应有的失忆，在别人或测量者看来是发生了遗忘，实际上他并没有忘记。

信息进入人的长时记忆系统，留下的记忆痕迹是否可以一直保存下去，研究者的争论颇多，理论争鸣实际上可以分为两派。一派学者认为，记忆信息不一定能永久保持，因为遗忘现象比比皆是。另一些学者则认为可以永久保持，遗忘并不表示记忆中已经没有某了个信息，只是无法提取出来罢了。例如，加拿大的神经科医生潘菲尔德在脑外科手术中发现，当用电极刺激病人的大脑的某些部位时，病人会报告出一些异常详细的情景。但是，有学者马上指出，病人的报告是否为真实的"记忆"无法确认，这种报告可能是病人的某种想象。

后来，又有学者发现，知识经验可通过无意识提取或恢复，这种现象称作"内隐记忆"。例如，让健忘症患者学习一些常用词，尽管在随后的回忆和再认测验中成绩很差，但若采用其他测验方法，如给出所学词的词根或残词，让患者填成一个完整的词，患者倾向于用已学的词而不是其他词来补全。这就是说，人们可能没有意识到自己学习过的知识经验，却会在某些特别的操作任务上表现出记忆效果。但是，内隐记忆的存在并不能证明没有遗忘现象，而且内隐记忆的机制尚在探索之中，目前已成为心理学中学习与记忆研究的前沿领域。

遗忘是不可避免的，有时遗忘并不是一件坏事。问题是我们如何才能记住该记住的，忘却该忘却的呢？也许遗忘原因的揭秘会让我们如愿以偿。

无眠者之谜

●●●●●●

一个正常人的睡眠通常要经过5个阶段。第一阶段是由清醒逐渐趋向睡眠的过渡阶段，这时我们的眼睛是睁着的，眼球做圆周运动，渐渐失去聚焦能力，身体渐渐失去平衡，此时如果有来自外界的刺激，会立刻将我们唤醒。第二阶段是我们辗转反侧于床上阶段，这时可以出现片断式的短梦。当然，必须是在没有外界刺激的情况下，才会由第一阶段过渡到第二阶段。第三阶段和第四阶段合称为睡眠阶段。在第二阶段后约半个小时，我们整个身体开始进入深睡眠状态，此时脑电图上出现缓慢而有节奏的睡眠电波，心率和整个肌体的新陈代谢均进入了最基本状态，大脑皮层失去了控制力，遗尿及梦游一般在这个阶段出现。第五阶段是梦境阶段，如果睡眠超过了第四阶段，大脑皮层就进入了一个新的阶段——极顶期，这时大脑血量突然增加，大脑温度上升，眼球不规则地转动，脑电图上睡眠波形是短而无定性的，幻觉出现了，人进入了梦境。深沉睡眠与表浅睡眠是交替出现的，大约90分钟出现一次幻觉性的睡眠。在8个小时的睡眠中能进入梦境的睡眠总共约2个小时左右。

那么，睡眠是怎么产生的呢？人为什么非要睡觉不可呢？1910年，法国科学家让列德和彼德隆进行了人类关于睡眠研究的首次实验。他们采用强制的方法，使一批狗在10日内不睡，然后将它们的脊髓液抽出注入到其他狗的脊髓腔内，结果那些受液的狗很快就入睡了。然而他们既无法证明这些受液狗是因为输入了脊髓液而入睡的，也无法从脊髓液中提取出所谓的"促睡眠素"。毫无疑问，他们的努力失败了。

1963年，瑞典科学家莫尼尔等人又"卷土重来"，他们从困倦的家兔的血液中用新的生物化学方法分离出一种能促进睡眠的化学物质，这种活性很强的化学物质，只要5克就能使5万只家兔入睡。1977年，科学家们确认这种物质是由9种氨基酸组成的多肽，命名为"δ-促睡眠肽"。

此外，美国科学家约翰·巴佩海默等人也进行了类似研究，他们从山羊脑中抽出脑脊液，从中分离出一种小分子多肽，命名为"S-促睡眠肽"。我国科学家在这方面的研究虽起步较晚，但进步较快，于1982年也成功地人工合成了"S-促睡眠肽"，引起了国内外学术界的高度重视。

对于这项研究作出最卓越贡献的是美国哈佛大学的卡诺威斯金教授，他发现在脑细胞的薄膜内有一种酶体，这种酶体在动物沉睡时活力明显增强，同时肝糖原在脑细胞内也很快地增长了70%。但一旦动物醒来，这个现象就立即消失。他认为促使动物从睡眠中苏醒所需的能量来自过分增长的肝糖原。

此外，还有一个最基本的问题，那就是——人为什么要睡觉？常识告诉我们，睡眠是为了休息，而睡眠本身也正是最好的休息，因为当人进入"睡眠"状态后，他的基础代谢率降为最低点，人体各系统的工作速度减慢，并且在脑电图上初步出现慢电波。按照这个思路推理，如果一个人不进行任何活动，消耗能量较少，那么需要的睡眠理应减少，但是初生的婴儿活动甚少，为何他们每日都要睡上18个小时呢？同样，宇航员在失重的状态下，消耗能量极少，为何他们也要睡眠呢？所以说，睡眠仅仅是为了休息，或者说睡眠就是休息是不全面的。

传统的医学观点认为，睡眠是大脑的食物。既然如此，又该如何看待那些并不需要睡眠的大脑呢？大脑与睡眠的实质关系究竟是什么呢？

瑞典妇女埃古丽德自1918年母亲突然去世后，过度的精神刺激使她再也不能像以往那样睡眠了。医生给她开了许多镇静药和烈性安眠片，但没有任何效果。每逢夜间，她都在不停地干家务活，疲倦时就上床休息一下。埃古丽德到1973年已86岁，住在养老院。她的身体一向健康，并没有受到多年不眠的影响。

古巴有位退休的纺织工人伊斯，他从13岁开始，四十多年间从未睡过觉。他本人说："我失去睡觉能力，大约是在脑炎后进行扁桃腺切除手术时，当时心理上受到惊吓，从此就不能入睡了。"1970年，一批精神病院医生对他进行了2个星期的全面观察。仪器监测表明，伊斯即使闭上眼睛躺着，脑子和醒着的人一样仍然在活动，绝对没有睡着。

在20世纪40年代，美国出了一位著名的不眠者奥尔·赫津。这位居住在新泽西州的老人，家里从不置床，甚至连吊床都见不到。他一生中连小睡也没有过。许多医生轮班监视，竟发现缺乏正常睡眠的奥尔，其精神状态及生理状态反而超过一般人。晚上当体力不佳时，他就坐在一张旧摇椅上读点什么；当他感到体力恢复，又继续投入劳作。医生对奥尔的不眠现象无从解释。奥尔的母亲则以为这可能与自己在生下奥尔前几天时受到严重的伤害相关。

奥尔到了90岁的时候，已经活得比许多有正常睡眠的医生更为长久。

无法睡眠是否属于脑功能障碍呢？事实上，有些不眠者的智力倒显得更高一些。法国人列尔贝德于1791年生于巴黎，至1864年逝世，在这73年的生涯中，居然有71年没有睡过一次觉。这种情形源于他2岁时的一次事故。1793年，他和父母一起去看国王路易十六被处绞刑的场面，不料观众席倒塌，将他压在下面，他昏迷过去，虽然后来被医院抢救过来，但头盖骨却已是破裂难补了。由于这个缘故，他一生中都无法睡觉了。但这并没有妨碍他的读书与考学，后来他还成为颇有名望的学者。列尔贝德的大脑究竟是怎样像心脏那般无止歇地工作下来的呢？

西班牙的塞托维亚在19岁那年从睡眠中被惊醒，此后睡眠日减，到了1955年，睡眠就完全与他无缘了。33年来，这位西班牙人已经度过了12000多个不眠的昼夜。国内医学界对他极感兴趣，然而各种措施均属徒劳，数十年来从未能使塞托维亚安眠一次，尽管塞托维亚长期不眠，他却体格强壮，精力旺盛，看上去无丝毫倦意，反倒显得朝气蓬勃。每天晚上他都像正常人一样躺在床上，但不是睡觉，而是读书、听收音机；清晨他就和大家一样起床，开始一天的工作。就这样，日复一日，年复一年。没有甜蜜的睡眠就没有甜蜜的梦，然而塞托维亚自有他的享受。1988年，他所在城市的体育馆中举行了一次48小时无间断的足球循环赛。球场上，球员们轮番上场，裁判也轮换执裁。看台上，观众们换了一批又一批。因为他们需要休息、睡觉。唯独一个人坐守看台大饱眼福，津津有味地连续观看了两天两夜的全部球赛。此人当然就是塞托维亚了。

20世纪60年代，西班牙有一位不识字的农场工人在接受记者采访时说：

"我像一头野兽那样工作，工作从来不会使我疲倦。到目前为止，我仍然是用我的手指签名，但我希望自己能读能写。如果我能读书，晚上的时间就会变得短些了。我有生以来，在这世界上其他人睡觉的时候，我只能在厨房的火炉旁，直到雄鸡引颈啼叫。"

面对这形形色色的不眠者，医生们的见解大有分歧，有的认为大脑由于偶然的变故而激发了潜在能力，所以造成了无法正常睡眠。有的提出所谓不眠是相对的，只是作为不眠者及周围的人对骤然而至的短暂睡眠状态没有察觉罢了。更多的意见则认为这是一种极端现象，有待于从大脑解剖学上的新发现中去寻找。

世界上有一种人，昼夜的时间交替对他们来说毫无意义

人体放电之谜

● ● ● ● ● ● ●

英国曼彻斯特城的普琳夫人，是3个孩子的母亲，她带有的一个活动电源组静电，使医生迷惑不解。这位41岁的中年妇女在接触任何东西时，经常有电光和响声。当她洗熨衣服时，电熨斗经常发出爆裂声。她曾在家中的养鱼缸中"电"死了9条鱼。如的丈夫说，她躺在床上的时候便会引起静电感应，发出噼噼啪啪的声音，同她接吻时也会有痉挛感。

科学家介绍说，普琳夫人一天冲几次凉，并在踝关节部缠一段铁线，这样她可以接"地"，并将电流导入地下。牛津大学天体物理学家尚理斯说，我们不知道为什么普琳夫人不能像其他人那样摆脱电流，她所带的静电超过常人5倍。

在马来西亚的一个垦殖区里，一家7个孩子的体内都带有超人的静电。当孩子们骑坐童车让身体离地时，头发就会竖起，其中6岁的女孩索英哈带电更强，人们触摸她时会有轻微的电击感。孩子们的父亲索嘉布拉说，索英哈是在生了一场小病之后身上才带电的，接着其他孩子也变得像她一样带电了。

詹妮·摩根是生活在密苏里州的一位美国姑娘。1895年，她的身体突然变得像个强大的蓄电池。她伸手抓门把柄，电火花连续从她的手指放出，高电压火花灼痛了她。她的一只心爱的猫被她几次电击后，总是躲得远远的。阿什克拉夫特医生不相信这位少女身上会带有高压电，他伸手去碰她，结果一下子就被击倒了。隔了好一会儿，医生才睁开眼睛，发现自己仰面朝天

躺着，身边围着一群为他担心的人。

带电者是否会因电招灾呢？美国俄亥俄州发生过这样一件事：

一家电机厂曾频频发生小火灾，有时一天竟达8次之多。为此厂家特意请来一位专家对所有的员工进行检查。专家让员工们轮流手握电线站到金属板上。其中有位女工刚踏上金属板，电压计就急剧地狂跳不止。这位女工身上的静电是3万伏特，电阻是50万欧姆。当她接触易燃物品时，随时都可能引发火灾。那个女工被调走后，电机厂果然没有再发生过火灾。

但有时从致火者那里找不出任何原因：乌克兰的"火孩儿"萨沙就是这样。这是一位14岁的男孩，他有一种令人莫测的奇能：不管他出现在谁家的房间里，室内的室具和衣物就会无端地起火。从1987年11月起，这个"火孩儿"已引起一百多次火灾。所以，左邻右舍的人都迫使他们全家搬走。可是，无论搬到什么地方，萨沙只要一进房间，屋内的地毯、家具和电器都会莫名其妙的瞬间起火燃烧。这样一来，闹得萨沙全家都不敢与他

同睡，只好轮流站岗，以防患于未然。最后，实在没办法，只得让萨沙一个人搬到祖母家里去住，可是他所到之处，依然火灾时起。"火孩儿"萨沙的致火奇能已引起了有关科学家的关注和重视，但对他的调查和研究表明，他身上并未发现带电现象。

英国女子保琳·肖的身体可以先把体内的静电贮存起来，然后突然把它们放出来。在她手指外近8厘米处会发出电火花。凡是她所接触到的电视机、洗衣机、摄像机、电饭煲等电器均遭破坏，至今她所破坏的电器价值已达1.5万美元。

当她和家人肌肤接触或与人握手时，往往会把对方电得跳起来。

一家超级市场的一台电冰箱被她放电而烧毁，为此，她被宣布为不受欢迎的人。

她去银行时，银行的电脑系统立即出现故障，为此银行方面请她委派别人替她办理一切手续。

在她的家里，也因她发电，两次烧毁了全屋电线。

据科学家推测，导致保琳出现这种罕有的放电现象，可能是情绪

异常引起的。保琳的父亲10年前去世，而保琳为此情绪异常激动，使她体内的静电积聚起来。

保琳的家人渴望能早日为她寻找出一个治疗办法。她的丈夫说："我们家不用化纤做的东西，衣服也穿纯棉的。现在唯一能减低保琳发电机会的办法是多洗澡。保琳一天洗澡达4次之多。"

保琳说她能预感到什么时候将发电，因为发电前她必然会出现头疼现象。一旦出现征兆，她就禁止自己和别人接触，也不外出，更不走近任何电器。

正在对保琳·肖进行研究的一名牛津大学科学家说："我们推测，世上可能也有不少人像这位女士一样有发电能力，只不过情况不至于像她那样严重而已。"

奇怪的梦之谜

很多人认为梦毫无意义，然而，还有很多人相信梦有的时候的确让人匪夷所思。下面的几则关于梦的故事就能告诉我们梦的神奇之处，不过，尽管如此，我们还是不明白梦为什么会如此神奇。

"我见过你，我在梦中无数次见过你！"当梅娜跋涉千里，来到一个陌生的小村子并看到了一座无数次出现在她梦中的城堡时，不由得激动地喊了起来。村民们当然对这个不速之客感到奇怪，他们好奇地看着梅娜。于是，激动的梅娜讲述了她自己的故事。

原来，梅娜是波兰的一名少女，她曾与斯塔尼·劳斯相爱。就在这个时候，第一次世界大战爆发，斯塔尼当兵去了，一对心爱的人就这样被战争拆散了。战争结束

了，可是，姑娘的梦中之人却没有回到她的身边。姑娘始终被一个噩梦所萦绕，她梦见斯塔尼在黑暗之中，被一块巨石阻隔在一个城堡里。尽管他无数次地试图推开身边的巨石，但是办不到。他那绝望的神情，让美丽的梅娜心碎。

于是她决定找遍全国，要把她梦中的那个城堡找出来。她东奔西走，不辞劳苦，功夫不负有心人，于是就出现了本文开头的那一幕。

村民们听完梅娜的故事，都被深深地感动了。尽管大家都不相信她的梦会成为现实，但是，村子的男人们还是按她的请求把倒塌的石块搬开了，第一天没发现什么。可是到了第二天天快黑的时候，人们突然听见石头下有男人的呼救声，不由得大吃一惊。人们很快将那人

救了出来，那个人正是梅娜的男友斯塔尼！原来，在战斗中斯塔尼曾经以城堡为掩体，可是炮火击中了城堡，把他藏身的地方堵死了。战斗结束，没有人发现他。幸运的是，洞中有食物有水，他就这样在这里呆了两年，没想到梅娜会来救他。

不要以为这是个童话故事，这是发生在一战结束后的一件千真万确的事情。没有人能解释这个神奇的梦。有人说，这也许是梅娜天天胡思乱想，偶尔猜测出来的一种结果。但是，这无法解释为什么她在梦中看到的城堡和现实中的城堡一模一样，梅娜可从来没有到过这个地方。

这种奇特的经历松田富美子也有。松田富美子是日本"东丸"号渔轮上船员松田二的妻子。1985年5月2日，"东丸"渔轮在海难中失踪了16名船员，传言这16名船员无一幸免于难。不过，松田富美子却始终深信自己的丈夫还活着，因为在丈夫每次出海捕鱼归来之前，她都会梦见他，这次也不例外。

同情她的人以为她是思念过度。可是，谁也想不到，她的梦竟然应验了。她的丈夫松田二在大海中漂流了17天后，竟然奇迹般的生还了。

没有人能解释这究竟是怎么回事，怀疑者认为这不过是一种巧合而已。不过，更多的人相信，有一种神奇的东西在暗示着那位妻子。

跟梦一样让人感到惊奇的还有梦游。

赖丝·特洛克丝是南斯拉夫莫斯塔尔市的一名患有恐高症和心脏病的妇女，可是有一天当她醒来的时候，她发现自己骑在离家160多千米远的一棵又高又大的树上。不用说，她的恐惧和惊惶使得她战栗不已。不过，这怨不得别人，是她自己爬上这棵树的；当然，也怨不得她自己，她是在梦中爬上这棵树的，因为她同时也是一个梦游症患者。

而发生在法国海滩上的一件杀人案却显得更离奇。案件发生在深夜偏僻的海滩上，没有任何目击证人，只在海滩上留下了一个奇特的没有穿鞋的脚印。从这个脚印看，凶手的右脚应该只有4个脚指头。非常碰巧的是，警探先生的右脚也只有四个脚指头。当警探先生再仔细去检查时，发现尸体身上的子弹跟他自己用的子弹一模一样，这下，可把警探先生吓坏了，后来他到警察局报案自首。经查证，人是他梦游的时候杀的，由于他是因为梦游症发病时误伤人命，所以当局最后判他无罪。

最让人咋舌的大概当属秘鲁东南部的一个小城了，这个小城内有2万多人口。在这2万多人中，几乎有1万多人都患有梦游症。白天，市内一片寂静，行人不多。可是一到深夜，这里就热闹非凡，许多人都身穿睡衣，四处游荡。他们怪诞的行为真够吓人的。

那些梦游者到底是睡着还是醒着呢？专家研究后得出这样的结论：他们是处于一种半睡半醒的状态之中。曾花了10年时间研究这个问题的普里特兹博士说："梦游者的运动器官是醒着的，而感觉器官却睡着了。"看来，这些梦游者也真不简单，能够一边睡觉一边干活两不误。

除此之外，人们还发现，科学家、艺术家也经常受到梦的启示。

著名的物理学家波尔就是其中之一，他曾梦见自己站在充满了热气的太阳上，而行星似乎是用细丝拴在太阳上，并在绕太阳转动。等到他醒后，他立刻就联想到原子模型的实质，原子核就像太阳固定在中心，而电子则似行星围绕其转动，于是著名的"原子模型结构"就此产生了。

不但波尔，还有很多科学家和艺术家也受到过这种启示。英国剑桥大学对许多创造性学者的工作进行的一次大型调查的结果就表明，有70%的科学家从梦中得到过有益的启示。

对此，科学家卡特赖特专门设计了一套关于梦和智能活动相联系的实验。结果发现，人在经过有梦的睡眠后，他对待问题时常常能从有利的方面来看，如果梦的内容是不愉快的，那么醒来后就会更能适应面对难题的现实环境，从而也就增加了解决难题的能力。除此以外，白天冥思苦想的人进入到梦中，虽然不一定能从中找到完善的解决方法，但做梦至少会使他们的心情从容一些。总之，卡特赖认为，夜间做梦对第二天觉醒后的行为有一定影响，但她仍没法解释梦中出现灵感的根源。

梦中的灵感到底是怎么出现的呢？这的确是一个非常复杂的问题，但也是一个很有意思的问题，它深深地吸引着许多科学家的注意力。1983年，英国心理学家伊凡思提出一个新奇的观点，他认为梦不是睡眠中偶然形成的副产品，而睡眠的目的恰恰是为了做梦，对任何人来讲，清醒时进行的工作会在梦中继续，如果他苦苦思索一个问题，梦很有可能为他提供了有用的意见。这其实也是科学家们从梦中发现秘密的根源。

为什么会出现这样的情况？他说，睡眠能帮助人把新知识融合到原有的老知识中。在睡眠时，人的大脑并没有停止活动，仍在进行与白天不同的工作。这时候，大脑既不发现信息也不接受信息，只忙于整理自己的记忆，把新数据和旧数据一起归并，分拣出过时和无用的资料并抛弃掉，重新给各种知识加上标记，使将来需要提取时能方便省事。也就是说，做梦是大脑把白天收到的资料进行有意识地分类和筛选的过程。

除此以外，做梦还像节目的彩排一样。有些我们一直在期待、盼望或担心的事情，尽管事情还没有发生，但在梦中却会一次次出现。

伊凡思把梦与灵感的关系的研究推进了一步，他从某个方面解释了梦的原理，说明了梦与智能活动的部分关系，提出了梦主要是心理活动的过程。可是，这个理论依然没有真正解开梦中出灵感的谜团。

于是，又有人提出，梦是一种无意识思维。这种观点认为：灵感或创造性思维的出现，也许是梦境中排除了外界的干扰，联想又特别活跃，不受逻辑思维和各种成见的束缚，白天的思索在梦境中继续下去，豁然贯通的机会就比较大。

然而，不管这种解释是多么合理，它也仅仅是一种假说，还有待于人们的实验和考证。但从目前科学家掌握的研究材料来看，要完全得出答案还不可能，因此它依然是一个尚未解开的谜团，等待着我们去进一步探索。

梦能预示疾病之谜

◎ ◎ ◎ ◎ ◎ ◎ ◎ ◎ ◎

曾经有一名年轻的学生，许多晚上都连续作恶梦，梦见自己被一条大蛇缠住了，不能动弹。后来，他病倒了，便去找医生诊断，但是那位医生怎么也看不出这位年轻的学生究竟有什么疾病。不过，大约一年以后，这个年轻人的椎骨上真的长了一个恶性毒瘤，几乎弄到全身瘫痪。

还有一个例子是，一个妇人一再梦见自己被压在泥土里，呼吸艰难。两个月后经过诊断，证明她患上了结核病。

对苏联科学家兼医生华西里·尼可拉叶维茨·卡萨金来说，这些梦既不是什么机缘巧合，也不是什么梦中的预兆。卡萨金认为，这些梦是一个重要的脑活动范型中的一部分。这个脑活动范型，足以

证明人类的脑子有预感疾病的能力，而且可以早在可识别的各类病症出现之前，就在梦中提出一些警告。卡萨金把脑子外层的活跃细胞，称为梦带，他推论说，这条梦带所记录的，是与身体"正常情况不同的最细微偏差"。他相信梦带的细胞是极端敏感的，尤其在晚间干扰最少的时候。因此，梦带可以察觉到很容易被人忽略的细微生理变化。卡萨金一直认为，彻底明了和深入认识这些梦，是大大有助于诊断病症的。

卡萨金曾经任医学教授之职多年，他还著有《梦的理论》一书，据说自1960年以来，苏联各医学院便以他这本书作为课本。不过，美国和欧洲各国对卡萨金仍然是所知不多。直到两个熟悉苏联情况的美

国记者亨利·格里斯和威廉·迪克着手写一系列谈论苏联心灵学研究的文章时，才开始听到有关这位"睡梦收集家"的事迹。格里斯和迪克认为，卡萨金或许可以提供有趣的资料，帮助他们研究，于是请求苏联的新闻机构安排他们和卡萨金作一次会面。

1975年初，格里斯和迪克终于获准跟卡萨金见面。他们与卡萨金会谈了几小时，对这位接受访问的人有极深刻的印象。

格里斯和迪克后来记述与卡萨金会面的印象时，作了这样的报道："卡萨金医生显然是百分之百地相信那些事的。他热衷于自己的研究，也相信自己能够帮助其他的人。"卡萨金又告诉格里斯和迪克这两位记者，当他还是个年轻医生时，就开始对梦深感兴趣了。那时正值第二次世界大战，德军包围列宁格勒，许多人饱受饥寒交迫之苦，每日有千百人死亡。卡萨金除了聆听病人诉苦外，别无他法。但他逐渐发现，自己可以由病人所述的梦中情景，判断哪一个人濒临死亡。他在笔记本里写道："虽然列

宁格勒的每个人都希望得到食物，似乎没有人会梦想得到别的东西，不过依然有一些病人，一再做一些别的梦。我要他们把梦告诉我，后来发现他们说的那些梦，往往指出一些几天以后才出现的病症。"于是卡萨金立下志愿，如果他能逃过这场围城之劫，他一定要继续研究这种奇异的现象。

卡萨金真的幸免于难，得庆生还。到1975年，他已经收集了几千个有关的事例，并且相信可以从中看出一些预兆的模式。他发现，如果梦见自己呼吸困难，例如有一个女人梦见自己整个肋骨支架被压碎，就是肺病的征兆，诸如癌症或者结核病。另一方面，高血压则很可能由充满疑虑的梦预示出来。有一个患上高血压的工程师的情形可以为证，他曾经再三梦见自己设计的一座建筑物倒下来，把他埋在里面。而梦见身体受伤，例如一再被刺伤，可能预示身体内部器官不久会出毛病，可能十分严重。

卡萨金还发现，梦兆有时是隐蔽的，例如噩梦的受害者，不一定是做梦者本人，而是他的朋友。卡

萨金也发现，梦很可能反映个人现实生活中的种种遭遇，例如一个家庭主妇可能梦见被屠夫拿刀砍伤；一个军人则可能梦见被敌人用剑刺伤。他又认为，偶尔作恶梦是无需理会的，但如果连续不断地做同一个噩梦，就应该视之为一种预告。因此，卡萨金认为，如果医生善于辨识和解释这种梦的话，或许可以及早在尚能治疗的阶段中诊断出各种严重的病症。

梦境预示现实之谜

◉ ◉ ◉ ◉ ◉ ◉ ◉ ◉ ◉

每个人都做过梦。梦中的事情千奇百怪，五花八门。千百年来，人类一直在探索"梦"的奥秘，可是一直到今天，人类对"梦"的了解依旧像对人本身的了解一样贫乏，甚至几乎还不知道什么是"梦"，对梦的作用及过程是怎么一回事，也是一无所知。

梦，仍是神秘莫测的。

一般人做梦，可能仅仅是做做而已，并且过后就忘。但梦对于某些科学家或艺术家来讲，有时竟会产生不同寻常的意义。

梦的创造性也能使艺术家得到灵感。意大利作曲家塔蒂尼在睡梦中突然涌出一种奇妙的创作冲动，耳边响起了一支优美的曲子。塔蒂尼忙从床上爬起来，拿来纸与笔，把那段尚未消失掉的曲调记录下来。

就这样，他靠着梦的帮助，谱成了闻名世界的奏鸣曲《魔鬼颤音》。

意大利伟大的艺术家达·芬奇有一个特殊的笔记本，上边专门记录在梦中出现的各种幻觉和意念。他说，他在艺术和科学上的成功秘诀都在此，并能促进他在科学上的新发现和艺术上的创造。

梦中能发现，梦中有构想，梦中有创造，这一功能有点离奇古怪，但又并非天方夜谭。只要我们调动所有的智慧，这梦的内幕总会有揭开的那一天。

为什么看似有所预示的梦，经常是预报坏消息，尤其是有关死亡的呢？这个问题的确令人大惑不解。也许这是由于最使人惊恐不安的噩梦，在记忆中留得最长久吧。例如，17世纪法国名演员香穆士勒，有一次梦见已故的母亲向自己招手，醒来后吓了一跳，立刻猜到自己快要死了。于是他向友人提到这事，并立即着手安排自己的追思弥撒，而且作了奉献。果然，弥撒结束后，他走出教堂就倒毙了。

梦兆这回事，经常为战事转折点添上悬疑离奇的色彩。据说，汉尼拔在梦中预知自己会打胜仗，而英王理查三世则在波斯沃思战场上战败阵亡之前，梦见许多"可怕形象"。还有人说，拿破仑在滑铁卢之战前夕，梦见一只黑猫，从一个军团走到另一个军团那里，又看见自己的军队溃散。有些研究梦的人会说，汉尼拔、理查三世以及拿破仑的梦，是因为醒时的恐惧在睡眠时投入脑海中而引起的。他们认为，这些军事首长清醒时的意识可能已经预见了事情的结果，入睡之

后脑子把这些预感吸收，预感也就化为梦境了。

梦到将被暗杀，那就更加难以解释了。林肯总统遭行刺前几天，已梦到自己的死亡。林肯告诉妻子，他梦见自己正在白宫散步，忽然听到哭泣声。他走到东厢，看见有一具尸体躺在灵柩台上，四周都是来悼念的人，还有一队士兵。林肯就问一个士兵，那位死者是谁。那个士兵回答说："是总统，他给人暗杀了。"

许多梦都是虚幻的，毫无实际意义。然而，有些梦却能给人以预感，奇迹般地拯救人于危难之中。曾有位旅行家做了一个可怕的梦，吓得他从南非德班的一个船上逃离，不久，此船连同甲板上的所有人都全部遇难了。

人体潜力之谜

◉　◉　◉　◉　◉　◉

人体的潜力是指人体内暂时处于潜在状态还没有发挥出来的力量。科学家发现，人体的潜力相当惊人，有待于人们研究、挖掘。

炼钢炉前，炼钢工人挥汗如雨。正常人究竟能耐受多高的温度呢？英国皇家学会的医学博士布勒登就这个问题亲自进行了一次试验。他钻进一个正在加热的密闭屋子里，温度逐渐升高，甚至超过100℃，他在那里呆了7分钟，感觉呼吸尚好。后来他感到肺部有"压迫感"，心里有"焦虑感"。他走出热屋子，自己数了数脉搏，每分钟跳144次。若不是他亲身进行了这次试验，谁会想到人体能耐受这么高的外界温度呢？

在智力方面，人的大脑约有140亿个神经细胞。而经常活动和运用的不过十多亿个，还有80%～90%的神经细胞在"睡大觉"，尚未很好地发挥作用。美国的一位科学家认为，健康人的大脑，如果一生中始终坚持学习，那么它所容纳的知识信息量可达到52亿多册书的内容。

人的毛细血管，占全身血管总长度的90%，它的血容量比动脉里的血要高600～800倍。但是，在一般状态下，只有1/5～1/4的毛细血管开放，其余全部闭合，处于没有发挥作用的状态。人体肺脏中的肺泡，经常使用的也只是其中的一小部分。不论是血液循环系统，还是呼吸系统，潜力都是很大的。通过锻炼身体可以发挥人体潜力，提高肺活量和增大血管容积。

人在遇到紧急情况时能发挥出

平时所没有的力量。如为了救人，一个弱女子猛地掀起了重物；一个老婆婆在夜间碰上恶狼，结果将狼打死。这都是人体潜力在紧急关头发挥出来的结果。原来，人体的肌肉和肝脏里在平时贮存着大量的"三磷酸腺苷"，简称ATP。ATP就是能量的来源。在正常情况下，人体只需要一部分这种ATP提供能量就可以了。一旦遇到紧急情况，大脑就会发出命令，让全身所有的ATP立即释放出来。命令下达后，身体能量剧增，就能作出象想不到的事情来。

科学家估计，目前世界上大约有50%以上的疾病不需要治疗就能自愈，这也被认为是人体潜力的作用。这种潜力包括人体免疫系统的防御作用和自身稳定作用等。能不能让更多的疾病不经治疗而自愈呢？这是现代医学探讨解决的问题。比如癌，现在被认为是"不治之症"，可是也有靠人体潜力使癌消退的例子。人体使癌消退的潜力在哪里？这还是一个谜。

逃脱术的奥秘

◎ ◎ ◎ ◎ ◎ ◎

　　霍迪尼是一个关不住的人。有一天，他到一家剧院，要求剧院经理同意他在这里表演逃脱术。

　　经理讽刺挑衅地对他说："你先到伦敦警察厅去，如果你能从他们的手铐中逃出，我就让你在这里表演。"霍迪尼来到警察厅，费尽口舌说服了警长，才给他带上手铐，锁在一根柱子上。警长刚转身走了两步，就见霍迪尼手持脱出手铐紧跟在自己身后，叫道："等等，我和你一块去。"这一奇闻在英格兰所有报纸上都作了报道，从此，霍迪尼名声大噪。一次，他带着手铐脚镣被关在华盛顿联邦监狱的牢笼里，27分钟后，他不但自己逃了出来，而且还将另一牢房中的18名犯人转移到了一间锁着的空牢房里去。霍迪尼震惊了美国。霍迪尼成名以后，经常对那些江湖术士装神弄鬼的骗人行径进行无情地揭露和抨击，人们对他及他的逃脱术就更觉得神秘莫测了，而那些江湖术士则把他看成眼中钉。

　　1903年5月，霍迪尼在而立之年来到莫斯科，他拜访了莫斯科秘密警察头子莱伯托夫，再三请求把自己关进狱中严加防范，然后看他如何巧妙逃脱，莱伯托夫同意将他关进自认为万无一失的"凯里特"里试试。"凯里特"是专门用来押送要犯前往西伯利亚的特制囚笼。它四周的六个面全用钢板制成，上面只有一个20平方厘米的密布钢条的小透气孔。锁门的钥匙在莫斯科，开门的钥匙却远在三千二百多千米以外的西伯利亚监狱长手里。莱伯托夫拍着他那就连风也只能进

不能出的囚具，得意洋洋地对霍迪尼说："好吧，我接受你的挑战！但是，你要明白，你得在被运到西伯利亚后才能出来。"霍迪尼回答说："你等着瞧好戏吧！"警察对霍迪尼全身进行彻底检查，发现没有隐藏任何器具后，给他带上特制的手铐脚镣，然后把他塞进了小小的囚笼，锁上了钢门。莱伯托夫命令把"凯里特"推到狱内的高墙旁边，便和警察目不转睛地盯着囚笼。在众目睽睽之下，28分钟后，

霍迪尼满头大汗地从囚笼后面走了出来。

霍迪尼是怎样从种种如此严密牢固的囚笼中逃脱出来的呢？是他真的具有隐身术，还是如一记者所说"他具有将自身非物质化后通过障碍物又将自身组合的能力"？由于霍迪尼在53岁那一年，在还没来得及向世人公布这个秘密时，就突遭暴徒袭击而死，因此，他逃脱术的奥秘，近百年来一直是个谜。

照不出照片的怪人

⊚ ⊚ ⊚ ⊚ ⊚ ⊚ ⊚

　　哈利马·巴德科弗所有的证件上都没有贴上照片，不要以为这是政府给她的特权，也不要以为这是她的怪癖，实际上，她根本就没有照片，因为再先进的相机也无法为她照出相片来，再优秀的摄影师也无法用相机来表现她的风采。

　　哈利马·巴德科弗是阿尔及利亚的一名妇女，从出生到死亡，她从没有给家人留下任何一张纪念

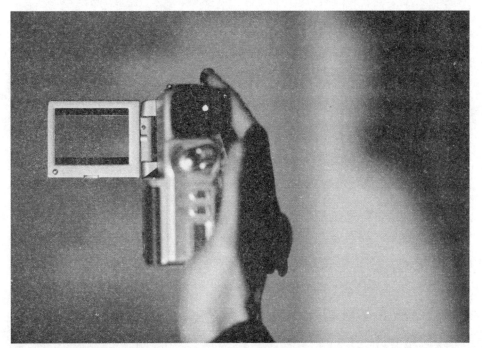

对于有些人而言，即使再高科技的照相机，再高水平的照相技术，也无济于事

照，人类在摄像技术方面的进步对她来说毫无意义。她也曾经照过相，不过这种活动不是把她的相貌留在照片上，而是让她昏厥过去。

不过，为了给自己留下一张美丽的照片，尽管每次给她拍照都如此，但她还是比较乐意再试一试的。但是，不知道为什么，她总是拿不到自己的照片——底片上根本就没有她的影像。

阿尔及利亚一些高级摄影师听到这个消息，曾经专门把她邀到城里，拿出最好的相机，挑选最好的胶卷，分别在室内、室外、灯光下、日光下给她照了许多像。而且为了郑重起见，还让她和别人合了影。

不过，最后，这些技术高超的摄影师们无不非常失望，因为当他们在暗室里冲洗底片的时候，他们才发现自己所作的一切都是徒劳，她的单人照底片上除了一块黑迹之外，没有留下任何影子；在她与别人合影的底片中，别人的影像清清楚楚，唯独没有她的影像，在她所站立的地方，仍然只有一块黑迹！

摄影师只好把他们解决不了的问题交给科学家了，可是科学家在这个问题上除了摇头说不可思议之外，也没有任何合理的解释。看来，能够解释这种现象的人也只能到未来去寻找了。

第三只眼的奥秘

◉　◉　◉　◉　◉　◉　◉

"不知马王爷长着三只眼吗？"民间俚语中的这句话表示某人具有超乎寻常的本领！神话故事中，有三只眼的人也一向被人说得非常神奇，本领非同小可。《西游记》中的二郎神有第三只眼，所以逮住孙悟空的任务就非他莫属了。《封神演义》中的闻太师也有三只眼，所以姜子牙就很难对付他。但是，有第三只眼就真的这么神奇吗？其实不然。第三只眼，其实我们每一个人都有，只不过它已经退化了而已。

最先发现这个秘密的是希腊古生物学家奥尔维茨，他在研究大穿山甲的头骨时，发现它两个眼孔上方还有个小孔，三个小孔构成了一个品字，这使得他非常兴奋。奥尔维茨反复研究，发现这是一个退化的眼眶。这个发现在生物界引起了很大的震动，各国的生物学家都开始研究这种现象了。结果他们发现鱼类、两栖类、爬行类、鸟类、哺乳类甚至人类，都有3只眼睛，这就是我们现在称作松果腺体的那种器官。人们从来不知道自己的第三只眼，或是从来没有想过它的存在，这是因为这只额外的眼睛已离开原来的位置，深深地埋藏在大脑里，在丘脑上部占有一席之地。

而大多数脊椎动物的第三只眼在颅脑顶部的皮肤下，例如蛙、蜥蜴的第三只眼虽然被鳞片遮盖着，但也能在皮下找到。各种动物的第三只眼都有不同的用途。科学发现，在两栖动物中，第三只眼可根据光的强弱调节皮肤颜色。冷血动物把第三只眼当作温度计，测量

周围的温度。而人的第三只眼已经变成了腺体，除了松果腺体以外，人体中再也没有其他腺体具有星形细胞了。这不是普通的细胞，它在大脑半球中的含量十分丰富。至于腺体和神经细胞为什么会如此盘根错节地缠绕在一起，人们还不太清楚。

随着其他功能的加强，第三只眼的视觉能力大大不如以前了，不过它对阳光还是十分敏感的，它通过神经纤维与眼睛相联系。当太阳光十分强烈时，松果腺体受阳光抑制分泌的松果激素则少；反之，碰到阴雨绵绵的天气，松果腺体则分泌出较多的松果腺素。松果激素有调节人体内其他激素的本领，因此当阴天时，松果腺体分泌出较多的松果激素，而甲状激素、肾上腺素的浓度相对降低，这些激素是唤起细胞工作的，若相对减少，人会显得无精打采、萎靡不振；天气晴朗时，松果腺体受到强光的抑制，体内其他激素增多，人们便显得生气勃勃、情绪良好。另外，通常人们在晚上的血压比白天低，这也是因为晚上没有阳光，人的松果激素增加，抑制了其他激素分泌的缘故。

除此以外，人们还发现，松果腺体的功能可能随着时间推移发生变化，不过它仍然非常忠诚，一直都在积极地起着作用。科学家研究发现在第三只眼的组织中含有钙、镁、磷、铁等晶体颗粒，这种奇怪的"脑砂"在新生儿的大脑中根本就没有，在15岁以内的孩子中也很少见，但是15岁以后，"脑砂"的数量开始逐年增加。看来，这只眼睛是为其他的两只眼睛和大脑过滤"沙子"去了。

不过事实到底是不是这样，人们至今也没有弄清楚，只有等待科学家们进一步的研究和论证了。

舍利子发光之谜

◉　◉　◉　◉　◉　◉　◉

　　漆黑的夜晚，伸手不见五指，夜半时分，沉寂的寺院里忽然发出荧荧的磷光，或暗红，或淡紫，或浅黄，美丽而诡异。原来，这是寺院珍藏的"舍利子"出现的光奇迹，"舍利子"究竟是什么东西？它为什么会发光呢？

　　舍利，又称舍子，最初是指释迦牟尼火化后的固体结晶物，后来泛指高僧火化后的固体结晶物。佛教认为，只有佛的舍利才白润如玉，坚固似金刚，锤击而不碎，也只有佛能最终化成舍利。

　　中国陕西省户县观音山法华寺的一名103岁的高僧圆照法师，其肉身形成了二百多颗大小不一、形状各异的舍利子。舍利子颜色雪白，镶嵌着米粒大小呈红、黄、蓝、褐等色的结晶体。尤为神奇的是，高僧的心脏久焚不化，最后形成一个黑褐色的巨大坚固物体。

　　舍利子究竟是什么呢？有人认为它是一种结石，因为他们发现这些所谓的"舍利子"的成分跟焙烧以后的胆结石或肾结石的成分很相似。那么高僧体内的结石为何又特别多呢？他们认为，高僧的活动量小，终日静坐参禅，食物以素为主，且饮水较少，是致使体内结石增多的原因。高僧们忌荤食，活动较少，致使高僧体内的脂肪代谢产生紊乱。况且，如果经常吃糖和碳水化合物的人，即使吃饭很少，体内能量也会过剩，致使脂肪堆积，血液中胆固醇和甘油三酯含量增多，会抑制肝脏产生胆汁酸，使胆汁中的胆汁酸和胆固醇比例失调，极易生成胆结石。另外，高僧们一

般都不吃早餐，虽不食荤但饮食十分精细，这也是极易生成结石的原因。

这种说法听起来似乎较为科学，然而它也存在漏洞，为什么一些身体羸瘦的高僧死后形成舍利子的数量和体积，会超过肥胖高僧呢？肥胖的人本来应容易生成胆结石，那么尸骨中的"舍利子"反而数目少、体积小呢？况且，结石一般都不会发光，而"舍利子"在无光照的情况下就能自身发光。因而，利用结石来解释"舍利子"也是站不住脚的。

"舍利子"为什么会发光呢？这里存在两种解释。笃信佛教的人认为，修行程度的高低决定其在佛教世界中等级的高低。释迦牟尼是佛，他是最先觉悟者，修行已经达到功德圆满的地步，他死后的遗骨自然会发出光华。那么，功德圆满的人圆寂之后一定会形成"舍利子"吗？佛经中没提到，佛教徒当然也不会知道。

此外，还有一些人认为，"舍利子"发光是能量场在起作用。那么功德圆满的高僧在修行时善于吸收天地宇宙之间的浩然正气，并将这些精华吸收到体内，久而久之，就凝聚成一种储藏能量的结晶体。当人体火化以后，这些结晶体就留了下来，成为"舍利子"。而到了晚上，这些白天看不见的能量就会释放出来，形成奇特的发光现象。

然而这种说法也存在着非常明显的缺陷，那就是为什么有些高僧的尸骨火化以后生成"舍利子"，而有的尸骨火化以后却不能生成"舍利子"呢？

关于"舍利子"的争论结果到底如何，目前还无法预料。

穴居之谜

◉ ◉ ◉ ◉

常识告诉我们，生命离不开阳光的照耀，若长期见不到阳光，居住在潮湿阴暗的地洞中，人就会生病，甚至丧生。然而近年来的一些发现，却对上述观点提出了挑战。科学家们在新几内亚发现了现代穴居人。他们自称1948年以来就一直居住在一个潮湿、黑暗的地洞里，不见天日。

法国科学家做了一项试验，接受这项试验的是一名刚毕业的女大学生积琪莲。她要在一个2.4米见方、4.2米深的地洞内独住一年。洞内有一个电灯用来照明，有一个手动升降机与地面保持联系，人们每周将食物和饮料用升降机送到洞内。陪伴积琪莲的是一些书籍、杂志和一把吉他，洞内没有电视机、收音机，连时钟和镜子也没有。她

与外界的唯一联系是一部电话，用来向研究人员报告她的生活情况和感受。刚进入地洞时，她感到孤寂，觉得自己好像生活在另外一个世界，除了阅读和弹吉他，别无他事。后来积琪莲逐渐习惯了这种生活，当通知她返回地面时，她觉得时间似乎过得太快了。积琪莲返回地面后，医生为她进行了身体检查，大多数都是正常的。

其实，早在很多年前，阿尔塔米拉山洞的发现，就打破了人不能生活在地下的观念。阿尔塔米拉山洞位于西班牙桑坦德城西南30千米的地方，在那里，人们发现了1万年前克罗马农人的壁画、庙宇、畜栏、仓库和牢狱。1884年，法国考古学家埃米尔·里耶维尔在法国西南的拉木特的洞穴里也找到了类似

人们可以在阴暗的洞穴下生存吗

的古代遗物。

可是，发现地下奇迹的埃米尔本人却认为，地下是不能住人的，这些发现不过证明了古代克罗马农人曾临时生活在洞穴里，对于现代人是否能长期生活在地下毫无参考价值。在当时，埃米尔的这种观点得到了大多数人的支持。

到了20世纪20年代，法国探险家爱德华·阿尔弗雷德·马勒特尔提出了自己的看法。他认为，长期生活在又黑又潮的山洞里，最可怕的敌人是一种叫洞穴病的疾病——在洞里，人的心血管功能、生命节律、神经系统的兴奋性、肺部的气体代谢能力都会发生可怕的变化。

1962年，法国洞穴学家西夫尔进入法、意交界的阿尔巴赫海滨的地下洞穴。他原定在那里逗留100天，由于黑暗、潮湿、烦恼和瞌睡，结果只呆了63天便返回地面。1972年，他的头部、胸部和腹部插着记录心跳、血压和体温的探针，兜里装着测量洞内温度和湿度的传感器，二度进入美国得克萨斯州的一个洞穴，结果又发生了洞穴反应。1964年11月，35岁的德国洞穴学家图安·先尼下到了格拉斯城外10米深的奥列维耶石灰岩洞底，他同样感到不适。1966年6月1日，法国洞穴学家让皮埃尔·梅列特在不带计时器的情况下，进入苏联靠近旧克里米亚阿培尔梅什山的深41.5米的死火山喷火口内。在没有任何先兆的情况下，他几度昏迷。以上这些，都是科学家们在洞穴中居住失败的记录。

然而，苏联克里米亚的洞穴专家Ｂ·Ｍ·杜布良斯基却不信这个邪，他带领一批大学生来到海拔950米的埃明霍萨尔洞，并在60米深的洞底搭好了三个帐篷，然后钻进充气褥垫上的睡袋中，每天记下血压、心率、体温、呼吸频率和肺泡中氧气及二氧化碳的比例。在洞里他们用煤气炉加工食物，用发电机和蓄电池供电照明，用电炉烘干衣服。不幸的是，洞穴反应还是发生了。在恒温6℃，湿度100%的洞穴里，他们逐渐变得敏感易怒，时间感觉发生偏差。脑电图显示他们的大脑皮层的活动被抑制，精神压抑。杜布良斯基怀疑这是由于失去了光、声和时间参照物的刺激而引起的，于是，便加强了这些信号的刺激，症状果然缓解了。

在实践中，杜布良斯基还发现洞穴反应与空气质量有关。当洞里的二氧化碳的浓度达到7.5%，氧的浓度下降到15%时，人们就会感到头痛、恶心。而在空气比较"干净"的石灰岩洞里，洞穴反应主要与时间参照物有关。因此，他建议要针对不同情况采取不同的对策。

苏联全苏疗养地学研究院理疗分院负责人Ｂ·Ａ·斯科洛坚科，从疗养的角度提出了对穴居的看法。他指出，地下无噪音、灰尘、细菌和病毒，温度和湿度不变，空气流速基本为零，负离子浓度高，这些正是治疗疾病所需要的，因此洞穴完全可以用来治病。古代奥地利、波兰和罗马尼亚人就利用废矿井治病；17世纪，德国人在采伐过的金矿井里医治风湿病人；意大利人则利用曼苏曼的钟乳石洞穴来做疗养院。

有人也许会问，如果人类一旦克服了生活在地下的障碍，地球上真有那么多洞穴供人类居住吗？苏联科学家马克西莫维奇对此作出了肯定的回答。

人到底能不能在地下生活呢？要肯定地回答这个问题，目前尚不是时候。我们相信，随着科学技术的发展，随着人类对自然界认识的不断深入，这个问题终将会找到圆满的答案。

尸体不腐之谜

1992年11月24日夜，中国河北省香河县一名88岁的老太太拔掉输气管，说："我要睡觉了，不需要它了。"随后安然合上了双眼，停止了呼吸和心跳。奇怪的是，这位老太太的尸体至今仍未腐烂。

这位老太太名叫周凤臣，生于1905年11月，是一名普通的农村妇女。38岁那年，一场大病突然降临，差点让她丧命，使她40天卧床

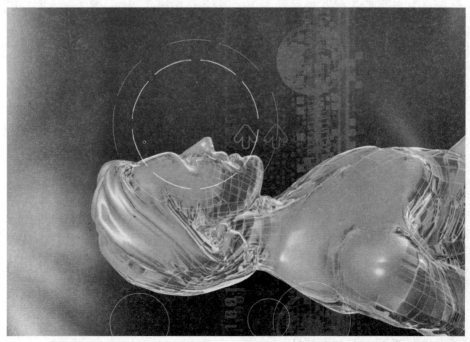

死去的人，仍然保持着原有的身体，人们正剖析其中奥秘，解开不解之谜

不起。也正是那场大病，使她在以后的饮食上不沾一点荤腥，生活上也十分有规律。

就在这位老太太去世的前10天，因病住院的她的病情却奇迹般的突然好转，连医生都十分惊讶。更为奇怪的是，她的排便这时却出现了异常，每次都喷涌不止，量大而且十分黏稠，颜色紫黑，就是几十年的老医生也不知如何办才好。第二天，她又大量吐痰，整整吐了几痰缸，痰中有很多块状物，五颜六色，连医生都没见过。吐完之后，她又用凉水漱口。这种状况整整持续了一天一夜，当时大家都十分害怕。她又让家人用凉水给她擦身，用清凉油涂抹全身的主要穴位。当天，她本不想输液了，但医生认为她的病根本没好，特别是这些异常症状更是让医生不敢大意，非坚持给她输液，可在她手上和脚上连扎数针，均无回血，医生只好作罢。

就在11月24日夜，这位老太太安详地离开了人世。老人停止呼吸之后的24小时，体温仍没有降低，一周后肢体仍然柔软如常，头部太阳穴的血管仍清晰而且富有弹性，手背上甚至仍有血液流动。在随后的数月里，老人遗体竟在常温常压下自然脱水，脱油脂，甚至连盛夏酷暑季节也不例外。不知不觉已经过去数年了，老人的尸体仍然在自己睡觉的土炕上，俨然就像刚死一样，完好无损。

老太太去世后，尸体不腐之事广为流传，一些生物学家、医学家及人体科学家闻讯赶来，并成立了联合调查组，对她的尸体进行了彻底和全面的检查，但仍未揭开其中的奥秘。

但有些科学家却坚信，正是她的饮食习惯及她在医院的种种症状，才使其尸体没有腐烂。他们同时推测，这位老太太的身上可能产生了某种抗体，来抵制腐烂的发生。到底是怎么回事？我们期待谜底被揭开的那天。

能幸存的奥秘

在人类漫长的历史长河中，有无数虎口脱险、鱼腹逃生的故事，但冰岛渔民古德劳格·弗里索尔森的冰海历险，大概是最离奇、最让人不可思议的了。

1984年3月11日夜，在冰岛维斯特曼群岛周围的海面上，23米长的拖网渔船"赫尔西"号正在捕鱼，他们希望在返航前满载而归。晚上10点钟左右，22岁的大副古德劳格突然听到船长在甲板上呼叫，接着，"赫尔西"号猛地顿了一下，经过一阵抖动之后，船便不动了。他冲上甲板，发现庞大的尼龙渔网被露出水面的火山岩绊住，船长琼森正操纵着拖网渔船转圈子，力图摆脱掉渔网的纠缠。"赫尔西"号在原地兜着圈子，向左舷倾斜了30度。突然之间，一股巨大的涌浪悄悄地横扫而过，转瞬即逝，一下子就把渔船掀翻了。

这时的气温只有2℃。三位幸存者紧紧地挤在一起，冻得发抖。他们三人一致认为，要想游到五六千米外的陆地是不可能的，如果呆在这船底上，或许还能坚持到天亮。到那时，岸上的人就会发现他们。

三个人紧紧挤成一团，手在臂上不停地拍打着。大约45分钟后，船尾开始下沉。三个人立即爬到船头，但几分钟之后，渔船几乎笔直地竖在海上，三个不幸者又一次被无情地抛进了大海。

冰冷的海水，刺人肌骨。他们相互之间保持着一定距离，避免接触。因为一个行将淹毙的人，会把他所能抓到的一切一起拖入海底。

他们一边向着黑迈岛灯塔发出的亮光处游去，一边互相叫喊着，保持着联系。

海上漂泊的经验告诉他们，当他们还未游到岸边时，体温就会丧失殆尽。因此他们必须要拼尽全力，这将使人的心律加快，血管扩张，以便把大量的血液输送到肌肉中去。但这样一来，热量会大量丧失掉。不到20分钟，船长和西加德森两人就相继被深不见底的大海吞没了。只剩下了古德劳格独自一人。

他冷静地分析了自己目前的处境，制定了求生的最佳方案。他先用俯泳的姿势游了一会儿，等到游累了，便翻身改用仰泳，直到他的头和脖子被冻得彻底麻木。根据经验，如果人在6℃或更冷的水中游一定时间，将会失去思维能力，但令人吃惊的是，他并没有如此。他要利用每一线机会求生。

古德劳格一边游，一边查看自己与岸上两个灯塔之间的相对位置，对准灯塔之间游去。因为那里离他居住的镇子维斯特曼最近。

几个小时之后，他发现一条船上发出的灯光。他的精神为之一振，向那边猛力游去。游到距船还有九十多米时，他放开喉咙，竭尽全力，大声叫喊起来。但船上没人听见他的呼救声，而且渐渐驶向远处。他只好重新开始浮游。

5个多小时过去了。他一会儿侧泳，一会儿仰泳，细细地辨认着方向，听着海浪拍岩的涛声。这一带海岸是由玄武岩构成的峭壁，怪石嶙峋，稍不留神就会被海浪抛到石壁上撞得肢裂骨碎。

这时，他突然想起附近有一个小海湾，便改变方向，向北游去。此时他的皮肤已冻得一点儿感觉也没有了。

尽管古德劳格已筋疲力尽，连冻带累，但他的神智却依然清醒。他想："如果我现在躺下，睡着了，那就永远也醒不过来了。"

他挣扎着爬上海边险峻陡峭的熔岩石崖，手攀脚蹬，四肢并用，来到一片牧场。山冈上有一只盛水的大桶，这水是用来饮羊的。他口中火烧火燎，渴得厉害，可是水面却结着大约3厘米厚的冰，坚硬如铁。他不管三七二十一，挥动着拳头，砸开冰层，贪婪地猛吸起这救命的清水来。

喝完水后，他的精神好了一些，沿着一条铺满碎石的小路走了2个多小时。他的双腿裂开许多口子，但他坚持挪动着，强迫自己的双脚一步步向前迈动。

天亮了，他的家乡——维斯特曼，城里的小房子一大片，静静地依偎在两座巨大的火山堆之间。

他艰难地爬到他的朋友伊莱亚森家的门口，敲开了他家的门，伊里亚森父子赶紧把古德劳格扶到椅子上，然后打急救电话，把他送到了医院。

医生在给他检查身体时发现他手腕上摸不到脉搏，臂上也量不到血压，体温计水银柱一动不动。用来砸冰的手肿得厉害，腹部有一大片擦伤，双腿皮肉支离破碎，血肉模糊。但他心跳正常，呼吸均匀平稳，精神力量似乎一点儿也未衰减。

医生用温暖的毯子把他包起来，用静脉注射向他体内输入营养液和抗生素，他渐渐地睡着了。当他再次睁开眼睛时，他发现自己已经成了全国闻名的英雄，他那神奇

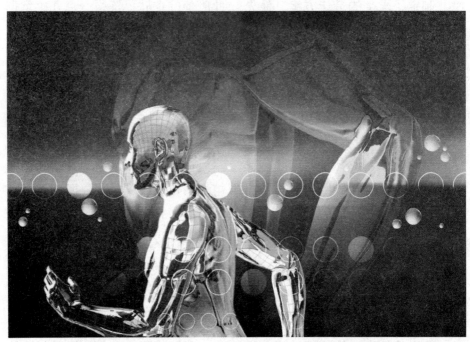

人的潜力是不可预知的，我们要相信自己，遇到困难要沉着冷静

的经历已经家喻户晓。

从科学角度来说，这的确是一个奇迹。科学家们十分惊异在一切致死条件都具备的环境下，他却能活下来。一些生理学家认为，不

紧张也许是他得以幸存的关键。古德劳格自己说："我自始至终都从容不迫，毫不紧张，我想这是有益的。"

蓝色人的秘密

众所周知，世界人种主要有四大类：黄色、白色、黑色和棕色人种，甚至也有人发现了绿色人种。那么又有谁会怀疑世界上也存在蓝色人呢？

20世纪40年代，在纽约市内，一名警察发现一位老者在熙来攘往的人群中慢慢倒下，于是便上前查看。这是怎么回事？老者的鼻子、耳朵、嘴唇、手指都呈现青蓝色。待人们将他送往医院时，他已变得浑身青蓝。

经过一阵紧急抢救，医生发现老者正处于严重的休克状态，并患有腹泻，因而断定这种青蓝色皮肤是由血液缺氧所致。造成血液缺氧的原因可能是因吸入汽车引擎或煤气管泄漏出来的一氧化碳。然而，格林医生却并不认为是一氧化碳中

毒，因为当时病人并不觉得眩晕，也无头痛症状。

随后不久，医院里又送来了十几个患有同样怪病的"蓝色人"。经过医生们心脏按摩、洗胃和输氧之后，这些"蓝色人"大部分都已好转过来了，仅有最后送来的一人因青蓝过重，永远地离开了人间。

造成这次事故的原因究竟是什么呢？经调查，是由于他们在自助食堂吃过早餐——麦片粥。

那么，会不会是食物中毒呢？经调查发现，有可能是因为厨师在做饭时把硝酸钠当成食盐撒在了麦片粥里。然而硝酸钠是无害的，因而怀疑是食物中毒似乎也有些不对。再说食物中毒的症状往往是在几个小时之后才会出现，而这些"蓝色人"发病时间距离早餐时间

并没多久。此时，一种不祥的预感袭上格林的心头，难道是蓄意谋杀？抑或是他们无意中吃下了某种毒药？

调查还在继续进行。后来，从食堂取来的硝酸钠经再次化验之后被证实是亚硝酸钠。亚硝酸钠是一种工业用盐，样子和硝酸钠很相似，主要用于制造染料、制造治疗心脏病和高血压的药剂，也可用作食物防腐剂，但只能很少量地使用。这种化学物质毒性极为剧烈，能导致血液缺氧。这一点也正符合医生们的判断，青蓝色为血液缺氧所致。为了更进一步确证，医生们对这些病人进行血液检查，结果发现，血液中含有亚硝酸钠。

至此，"蓝色人"之谜似乎已经找到了答案。然而为何所有的食客当中仅有这十几个人发生中毒呢？人们还是从医学上找到了答案。这些人由于经常酗酒，因而体内血液含盐量降低，那么在吃饭时很自然地会再加一些盐，而不是加糖，这样在厨师误放了之后，他们自己又误放了一次，最终导致血液严重缺氧，致使皮肤呈现青蓝色。

关于"青蓝色"的秘密至此已完全大白于天下了。

千奇百怪的异食癖

毒蛇、娱蚣、蟾蜍、稻草、石砂、泥土、煤炭、汽油、书本、衣服、玻璃……这些都可以列入异食者的"食谱"中。

英国26岁的青年詹姆斯，因在计程车排班处闹事被捕，被送进了西约克郡警察局的一所监狱。但在审讯时，他却穿了一套警察制服出庭。原来，詹姆斯有一种怪癖，对衣物有着极大的兴趣。他在狱中吃光了身上的所有衣物，包括衬衫、长裤、内裤、袜子，甚至鞋，他出庭时穿的警察制服，是辩护律师临时给他找到的。

美国华盛顿州40岁的妇女艾玛也喜欢以衣服为食。她说："我看到美丽的衣服时，往往会流口水。尤其看到较厚的外套时，很想放到嘴里咀嚼。不过，最使我垂涎的还是丈夫的衣服。"

据她说，丈夫的衣服最合她的胃口。她丈夫对衣服常丢失感到奇怪，后来才知道被妻子吃掉了。

这类事情从"食癖"的角度来看不难理解，因为人的胃口的容纳与消化能力毕竟是相当强的。

16世纪时，英国有位吃书的妇女，开始每天吃一本，后来索性把书当饭吃。医生曾让她禁吃"书餐"3天，她竟苦熬不过，百病全生。到了第4天，她继续吃书，便又精神焕发。丈夫和子女为她四处选购"书食"。她吃的书，首先要干净，最好是新书。这位"食书癖"患者在当时被称作"把书店吃进肚子里的人"。

真正令人不可思议的是，那些看来根本不可能被肠胃所接纳的东西，在有些人那里却被身体完好吸收，而无任何不适的迹象。

南非青年萨尔门素以生吞毒蛇驰名于世。他说："我捉到毒蛇后，用木棍把它打晕，才容易吞到肚子里，但不久毒蛇会苏醒过来，在肚里乱撞，我心里感到非常舒服。"其胃何其异然！

摩洛哥有个20岁的青年阿蒂·阿巴德拉，他每天要吃掉3个玻璃杯。他说，咀嚼玻璃杯就像咬脆苹果一样爽快。从14岁起，阿蒂已吃掉了8000个玻璃杯。好奇的人们都以观看他进食"玻璃杯餐"为乐事。

吃玻璃杯并非这位摩洛哥青年生来就有的能力。在14岁的时候，一天午夜，他从睡梦中醒来，一股咬嚼硬物的感觉促使他抓起床沿的玻璃杯便使劲地咬，并将裂片咯咯地嚼成碎片。从此玻璃杯成了阿蒂每日必备的特殊"食品"。摩洛哥健康中心的医生从阿蒂的X光片中检查不出任何结果，他的口腔、胃肠都没有损伤的痕迹，也找不到玻璃的碎末。医生说，这是医学常理无法解释的奇异现象。

中国黑龙江省有个人叫王某

某，也喜食玻璃。他从10岁开始吃玻璃，每次吃碎玻璃块0.5千克左右。如果在走路时发现玻璃，他也会把它捡起来擦干净，然后吃下去。遇到大块玻璃时，就砸碎了再吃。他牙齿很好，吃玻璃时，口腔也不会割破。

一次，他到药房买药，医生问他："你现在还吃玻璃吗？"他回答说"吃"，随手把放在桌子上的一个葡萄糖注射液空瓶子拿起来砸碎了，像嚼冰糖一样，吃得一干二净。在场的人无不感到惊奇。他不但能吃玻璃，而且还喝酱油或大酱，每次能喝七八两。据医生说，他体内可能缺少某种元素。

印度的库卡尼吞食日光灯管时，就像品尝甘蔗一样津津有味。他经常为观众表演这种"进餐"。观众常自费买来日光灯管供他咽食。他"进餐"前会敲去灯管两端的金属接头，然后抱着玻璃管子狼吞虎咽地吃起来，仿佛他不是在吃玻璃管，而是吃甜脆可口的甘蔗。他一面咀嚼一面跷起大拇指，说："好吃，好吃！"

"进餐"表演结束，他还让

观众检查口腔，其嘴唇、舌头、牙床乃至咽喉都无出血或破伤，实在令人惊奇。医学专家曾用X仪器和最新技术，对库卡尼进行过全面而细致的检查，但并没有发现任何异常。

法国的洛蒂图不仅能吃玻璃，他还对铁钉、螺栓等物品有兴趣。依他的习惯，吞吃硬物时，需伴以开水"助膳"，由于吞吃金属比玻璃所需开水少，使他对"金属餐"产生了偏爱。他还曾用6天时间，吃掉了被解体的电视机。

在一次记者招待会上，洛蒂图当众吃下一份夹有刀片、铁钉等馅料的三明治。会后，记者们立刻要求他到就近医院检查，X光师指着当时拍下的X片表示，他的胃里有一大堆金属。医生说，洛蒂图的胃、肠、喉部壁膜看来特别厚。这位法国异食者已提出他死后将献出身体供科学研究。

美国堪萨斯州惠灵市，有个叫约翰·基顿的，他的胃特别好，人称"铁胃"。

他不但能把苏打水和鸡蛋皮、玻璃、香蕉等一起吞下去，而且还能把水泥像砂糖一样舔着吃下。他能把18千克的甜瓜和生的牛肝以及报纸、杂志等一起吃进胃里。还有，他能连续不断地吞下128个鸡蛋，连续吃下45千克的生牛肉。

如果说吞食毒蛇在于人体异常的解毒能力，吞食玻璃、金属在于人体异常的消化能力，那么不需要饮食而只喝进棉油或汽油的人，他们的生理特殊性又该作何推论呢？

湖北省公安县农民梁必芳在她44岁时，已有15年只喝生棉油的历史。1972年秋，她因生了一场大病，不想吃东西，而喝了生棉油却感到全身分外舒服，从此，她就一直靠喝生棉油度日。15年来，她一共喝下了55000千克生棉油，平均每天1千克。梁必芳的身体也一直健康无恙。

江西省玉山县樟村乡程汪村的曹荣军食砖成瘾，他每天要吃0.5千克的砖头。

曹荣军刚满10岁的时候，得了一场暴病，难受起来就将砖头放在嘴里咀嚼，病愈后竟上了瘾。3年后才被周围的人发觉。于是，他干脆当着众人的面大口大口地咀嚼砖头，人们问他有什么味道，他笑着说："爽口，就像抽烟上了瘾一样，隔一两小时不吃，就有点难受。"

东北的李淑霞提起吃煤，说："我吃煤是在1987年，当时家在农村，需要用煤烤烟，记得第一次不用柴火用煤烤烟时，我就特别爱闻煤烟子味，后来到了不闻就想的地步。别人家生炉子冒烟都要躲得远远的，可我专门往有烟的地方钻，一点也不觉得呛，还特别愿意独享那股气味。"

有一天，李淑霞突发奇想：煤烟子味这么好闻，这煤是不是也能吃?她找了几块用水洗洗就放进嘴里，越嚼越香，从此一发不可收拾。家里人知道她这怪癖后，都帮她戒，她自己也想戒，但始终戒不成，不吃就想。来到沈阳后，找煤不那么容易，感觉瘾头越来越大。每天早上卖豆包的时候，兜里都要带上煤块，隔一会儿就会吃上几块，然后再用雪糕漱漱嘴。

李淑霞说她吃煤，很多人都不信。然而，她吃煤日渐严重。为了能找到可吃的煤块，每逢看到街上

有用三轮车推煤的，她就要急不可待地要下几块，开始推煤人不给，问她干什么。她说吃，人家不信便和她打赌："你能吃一块，我这一车煤都给你吃。"李淑霞当着推煤人的面吃了一大块。一车煤没赌来，她吃煤的场景却让人们大惊失色，以后推煤人看到她都主动地送她几块。

她自己和家里人总觉得吃煤不是什么好习惯，但无奈又没别的办法。她曾到过医院，中医、西医都看过，医生也解释不了这种现象，更无法确诊。

有人问："你吃煤后的感受怎样?"她说："没什么特别的反应，就是有时候吃多了感觉鼻子发干发热，再就是吃煤以后，抽了四五年的烟给戒了，而且也不想再抽。我的家族也没有吃煤的人。"

据李淑霞自己介绍，她以前还吃过大量黄泥，吃过生姜，但只吃了一年时间，没有像吃煤这样持续这么长时间。她也想能有个人为她解释清楚吃煤这种现象究竟是怎么回事，最好是能治好。因为每天吃煤终归不是一个常人的行为和生活

方式。

沈阳还有过吃灯泡、刀片的奇人，据医生讲，有此现象的人是因为胃酸浓度高于正常人的几倍所致。李淑霞吃煤这一现象目前仍是个谜，有待营养学、医学专家的进一步研究。

法国水手华安列克已年过60岁，他此生虽无异食之好，但以从不喝一滴水而出名。有人不相信，邀他去非洲撒哈拉沙漠旅行，那人用5只骆驼带足了水，走了20天，华安列克滴水未进，一路上还大嚼饼干。看到这位长得又壮又胖的水手，谁也不会相信他是不喝水的人。

令人匪夷所思的奇人之谜

人们都知道磁力是一种物理现象，它源于自然界，但同时人们又能创造与控制它。人们通过利用磁的作用力服务于人类，如电动机、电磁吊、扬声器等，都是磁力带给人类的福音。但是，令人难以相信的是，竟有这么一个奇怪的人，他身上带着很强的磁力。

这个人就是尤里·凯尔涅赛，他曾是苏联伏尔加城的一名矿工。但由于他那一身很强的磁力引起了矿主的担忧，矿主害怕他身上那强大的磁力会引起矿井的倒塌，给矿上作业带来灾难，所以强迫这位身强力壮的矿工离开了他工作过39年的矿山。尤里身上的磁力并不是天生具备的，而是在十几年前才发现的。他回忆说："起先这种磁力不是很强，只有当我放东西时，才会感到金属物体像要粘在我的手里，但后来，这种情形越来越严重，我似乎很难扯下那些粘在身上的物体。为此，我好几次被飞过来的锅、壶打在头上。有一次，一把小刀甚至从厨房飞来，戳在我的身上。"而现在尤里身上的磁力则更强，只要他接近金属物体在1.5米以内，那些物体就会飞起来粘到他的身上。那些金属物体包括锅、壶、硬币、锡罐和电子仪器等。

尤里被迫退休回家后并不甘心，也为自己这身磁力而感到苦恼，他到处求医诊病。高级研究员瑟奇·弗鲁明医生对尤里的"病状"进行了研究。他说："看到这种情况真令人感到惊奇，以前也听说过人体有磁力，但我却从来没有听说过，更没有见到过具有这么强磁力的人。尽管尤里的身体很好，但从他所具有的磁力来看，我相信他一定有什么毛病。"这样，医生就对尤里做了各种试验，但始终找不到在他体内存在能够引起这强磁力的原因。这样医生推断认为：这强磁很可能是由于他几十年在高磁力的铁矿上工作造成的。但特别令人们费解的是，在铁矿上与尤里具有同样工龄的人大有人在，为什么在这些人的身上没有这种强磁表现呢？可见，尤里的体内一定还隐藏着什么特殊的因素，那就是引起磁力的奥秘。

尤里不仅离开了矿山，而且还必须老老实实地"隐蔽"在自己家里。在家里，一切金属物体都已被搬走，已成为他的"避风港"。而他一旦走出家门，就会很难预防那不知何时从何处飞来的横祸。这样尤里迫切地盼望着能有一个妙手回春的医生能为他医治好这个毛病，解除这个令人烦恼的磁力。然而，尤里为什么会产生磁力，怎样才能医治这种毛病，至今仍是一个谜。

除此之外，还有许多的奇人。

1757年7月10日傍晚，瑞典人马纽埃尔在哥堡正和十几个好友一起进餐，突然，他大惊失色地喊道："不好！现在斯德哥尔摩市的榭典马尔摩发生火灾，火势正在蔓延。哎哟！朋友家也着火了，我家看来危险。"过了一会儿，他才如释重负地说："好了，火终于灭了。大火在我家隔壁的第三幢楼房处被扑灭了。"马纽埃尔的家就在榭典马尔摩，距离马纽埃尔他们正在进餐的哥德堡有四百多千米，他竟然就像在目睹眼前发生的事情那样，说得十分肯定，在一起进餐的朋友们对他的话表示怀疑。但是不久，经过调查证实，那天马纽埃尔的话与当时发生在榭典马尔摩的一切完全吻合。人们对他"千里眼"的神力惊叹不已。从此，马纽埃尔便成了一个闻名遐迩的人物。

马纽埃尔出生在瑞典一个平凡的家庭里，他曾对天文家、地质学、心理学进行过广泛研究。他发挥自己"千里眼"的特异功能，做了许多有益的事情。例如，驻瑞典的荷兰大使从一个商人手里买了一套银器，付了钱以后，不久猝然去世。商人趁机向大使夫人索取买银器的钱。这笔钱在大使生前明明已经支付，但是找不到购买时留下的收据，无法说明事实。最后，束手无策的大使夫人只得远道赶来求助于"千里眼"马纽埃尔。马纽埃尔目视前方，说："它现在存放在您家二楼桌子的抽屉内。"由于马纽埃尔的非凡能力，使得那个敲诈勒索的人阴谋遭到破产。马纽埃尔在他的晚年，对人类的特异功能进行了研究，著有很多著作，成为最早研究人体特异功能者之一。

无独有偶，距马纽埃尔二百多年后，荷兰海牙又出现了一个"千里眼"式的人物，名字叫佩达·伏罗库斯，是个油漆匠。1943年秋天，伏罗库斯在工作时，不慎从10米高的地方跌落下来，头部受伤，当场不省人事，3天以后才恢复知觉。这时，出现了奇迹：他对相隔遥远的地方发生的一切了如指掌，人们都称他为千里眼。真是因祸得福！从此，许多人求他寻找失物，甚至连巴黎的警方也求助于他，请他协助侦破复杂的杀人案件。

在联邦德国还发现了一位眼睛像显微镜的人，这是路德维奇堡的一个30岁的口腔科女医生。这位医生可以不借助任何仪器，将一部三十多万字的长篇著作抄录在一张普通的明信片上，她对于微型书籍的抄写毫不费力，并且极感兴趣。一些光学专家把她这种奇特的视力称为"活的显微镜"。但是这对独特的眼睛也常给她带来许多不便，纸张上普通肉眼看不见的纤维会扰乱她的视线，使她不能阅读普通书籍和报纸杂志；她更无法看彩色电视，因为她看到的只是屏幕上的五颜六色、不计其数的点，而不是一幅美丽的图像。

奇特皮肤之谜

你见过有奇特皮肤的人吗？尽管人类不同的种族拥有不同颜色的皮肤。然而，这个世界上不免存在一些拥有怪异皮肤的人。这些怪异的皮肤或颜色一反常态，或具有特殊的功能，甚至有人身上根本就没有皮肤。这些怪异的现象究竟是怎样形成的呢？

20世纪80年代，人们在广西兰江侗族自治县人民医院发现了世界上罕见的双色人。此人长得非常健壮，生活、劳动如同常人，只是自头顶到下肢，左半身为深红色，右半身为黄白色，中间交界处平整光滑，界限分明。

马来西亚有一位34岁的男子，此人的皮肤异乎寻常，具有一种奇特的功能，又厚又硬，什么坚锐利器都伤害不了他，可以说是刀枪不

入，而且皮肤的耐酸性极强，一般的酸性物质都奈何不了它。

没有皮肤的人也同样存在。英国有个小男孩，他像其他孩子一样聪明活泼，但因他拥有一身膜一样的皮肤，不能和其他孩子一同玩耍。

1986年6月5日，一个奇怪的男婴在湖北省监利县尺八镇医院诞生了。这个孩子同正常婴儿的唯一区别是肚脐以下腹部有一层玻璃一样透明的薄膜，透过这层薄膜，可以清楚地看到他的内脏。

除了拥有先天皮肤透明的人之外，后天皮肤变透明的人也不乏存在。芬兰有位名叫姬花·歌菲丝的老妇，她在61岁时，脸上的皮肤色素迅速消失，人们可以清楚地看到她脸部皮下肌肉的组织纤维。

你见过"橡皮人"吗？荷兰

王国的比兹斯就是这样的人，他能将自己膝盖上的皮肤拉长46厘米。还有一个叫穆里斯的人，他能将自己的周身皮肤拉长20～30厘米，胸部的皮肤能拉至头顶。他的皮肤具有弹性，拉长时不疼，松手时，皮肤上的手痕立即消失。这种人的皮肤具有很大的弹性，能够被拉伸和拉长，如同橡皮一样。据专家统计，目前全世界大约有50万个"橡皮人"。

吴娟妹是中国的一位具有"蜕皮"现象的女青年，她自3岁起，每年脱皮1～2次，至今不断。她一般在冬、夏两季脱皮，脱皮前发烧，全身肿胀，处于半昏迷状态，大睡3～7天，不吃不喝，最后从头到脚脱去一层皮。脱皮3天后慢慢长出鲜红色的新皮，15天后恢复正常。

美国纽约一位50岁的黑人妇女文蒂突然患上了一种无名怪病，医生给她试服一种新药物，未见疗效，病情反而加重，同时皮肤也越来越黑。后来在进行手术治疗时，文蒂的心脏突然停止跳动，经医生全力抢救，总算活了下来。然而经这次抢救后，文蒂身上的皮肤又发生了一次令人难以置信的变化——逐渐绽裂、脱落，重新长出一层白嫩的新皮肤。直至她病愈后，全身皮肤都呈白色，成了一个彻头彻尾的"白种女人"，而且至今没有恢复本来面目。

究竟是什么原因导致发生这些怪异的现象呢？我们人类应从哪些方面来解释它呢？ 至今仍然谜雾重重。

超体力现象之谜

1984年，美国的约翰·伦德斯特朗双手提着461千克的大石头，走了8.84米。非洲赞比亚的卡帕皮洛能两手拖住向相反方向开动的两辆汽车。不仅如此，就连一些普通人，在遇险或身处绝境时，也能发挥出意想不到的潜在能力。一位中年妇女在火灾中能把一个柞木衣柜从三层楼上搬下来，而火灾一过，她却再也搬不动它了。一个飞行员因飞机故障被迫降落，正当他在查看飞机起落架的时候，突然有一只白熊抓住了他的肩头，危急之中，他竟然一跃跳上了离地大约2米高的机翼！要知道，他当时还穿着飞行服呢。那么，这种超体力的现象该如何解释呢？影响人类能力充分发挥的因素又是什么呢？对于这一系列的问题，科学家们的认识也不统一，争论颇多。

有人认为，这些超常能力是人人都有的，只要通过持之以恒的锻炼，完全可以达到。

苏联生物运动力学家扎奇奥尔斯基认为，人的力气大小主要取决于横纹肌群的收缩力的强弱，同时也取决于肌肉横截面的大小。只要坚持锻炼，人们的肌肉横截面就会逐渐增大。他认为，只要经过锻炼，人人都可以成为大力士。

苏联的另一位生理学家捷洛夫则认为，大力士成功的秘密在于他们能产生使肌肉最大限度收缩的神经冲动，这一点比肌肉体积的大小更具重要性，而这一点经过训练也不难做到。

但也有人认为，大力士成功的秘密在于他们成功地动用了一些力学原理。如在"汽车压人"节目中，表演者躺在地上，脖子下垫一块木制护板，脚上穿着防护靴，当汽车压上护板时，身体每平方厘米负载的压力却只有200克，这个数字远远小于人体极限范围，演员是绝对安全的。所以，像这样的大力士，实在不足为奇。

那么，人的潜力究竟有多大呢？据统计，常人的阅读速度为每小时30～40页，经过训练的人却能达到每小时300页；人脑兴奋时，也不过只有10%～15%的脑细胞在工作；人脑可储存多达10～20个信号，而留在记忆中的却只有一小部分。还有些科学家仔细算出了人的骨骼的承受能力，如股关节承受力是体重的3～4倍，膝关节承受力

人体就像一个超级密码组，破译它还需要更长的时间

是体重的5～6倍，小腿骨能承受700千克的力，扭曲负荷力是300千克。也就是说，人的潜力还有很大一部分未被发挥出来。

人的潜力究竟有多大，至今也是一个无人能知的奥秘。

小人儿干尸之谜

◉ ◉ ◉ ◉ ◉ ◉ ◉ ◉

一个漆黑的夜晚，两位采矿人冒着凛冽的寒风，悄悄地到一座陡峭的山岩前点燃他们安好的炸药。只听"轰隆"一声巨响，烟雾散去，岩石崩塌的地方露出了一个黑黝黝的洞口。两人胆战心惊地打开手电，一前一后地踏着满地碎石，走了进去。

山洞里的气氛阴森恐怖，又暗又湿的洞顶不断向下滴水。出乎两人意料的是，手电筒的光柱下竟然出现了一具尸体，端端正正地坐在那里，睁着一双空洞的眼窝。于是他们连夜将干尸送往卡斯帕市医院，请医生们做科学的鉴定。

鉴定的结果令人大吃一惊。原来，那干尸生前竟是一个六十多岁的老人，身高只有48厘米，犬齿较为发达，由此看来，他很可能是嗜

食生肉者。

科学家告诉我们，世界上确实存在个子矮小的民族。以往，住在非洲中部热带丛林里的俾格米人，是人们公认的最矮的"小人"。这个民族平均身高只有1.2~1.4米，皮肤呈暗灰色，头大肚凸，臂长腿短，鼻子和嘴唇都十分肥厚，过着游猎生活，很少与外界接触。

近年来，人们又在南美洲的哥伦比亚和委内瑞拉交界处的群山中发现了一群比俾格米人还要矮小的矮人。他们自称是尤卡斯人，身高只有0.8~0.9米，但肌肉发达，手脚大而长。他们共有三百多人，过着原始的生活，吃的是野果、兽肉和玉米，披的是树叶和兽皮，唯一的武器就是弓箭。

人们最近还发现，生活在非洲

赤道的几内亚、喀麦隆、刚果和加蓬四国交界处的一个无名民族，那里的男人只有0.6米高，女人只有0.5米高。他们善于制造毒箭，搭建既矮小又简陋的住所。他们还用枯枝、藤条编结成60厘米长的茧状小床。有时，为了防备野兽袭击，他们还在大树上筑巢居住。

为什么他们会那么矮小呢？

有些科学家以为是环境造成的。热带丛林中炎热潮湿，环境非常恶劣，加上他们都过着原始的捕猎生活，不能保证蛋白质的充足供应，所以身材矮小是必然的。但是，这些人的说法受到了置疑，为什么这些民族的成员要比邻近部落的人矮小得多呢？

另一些科学家则认为，身材矮小是由遗传因素决定的。父母的个子高矮，决定着子女的身材。那么如此遗传，这些民族的人便会越来越矮小。因而这种说法自然也是站不住脚的。

现代的科学研究使得人类对这个问题有了更新的解释。许多科学家发现，这些矮人的体内都存在一种叫类胰岛素的生长激素含量不足的问题。在平常情况下，矮人体内这种激素的含量只及正常人的1/3，而类胰岛素激素则是人体生长的调节剂，缺少了它，生长就会缓慢，甚至停滞不前。然而，遗憾的是科学家现在还没弄明白，为何单单是这些矮小民族的人缺少这种胰岛素呢？